国粹图典

服饰

读图时代

国粹图典 服饰

李薇 主编

中国画报出版社·北京

图书在版编目（CIP）数据

服饰 / 李薇主编. -- 北京：中国画报出版社，
2016.9（2018.8重印）
　（国粹图典）
　ISBN 978-7-5146-1360-5

　Ⅰ. ①服… Ⅱ. ①李… Ⅲ. ①服饰文化—中国—古代
—图集 Ⅳ. ①TS941.742.2-64

　中国版本图书馆CIP数据核字(2016)第224509号

国粹图典：服饰

李薇　主编

出 版 人：于九涛
责任编辑：郭翠青
编辑助理：魏姗姗
责任印制：焦　洋

出版发行　中国画报出版社
地　　　址：中国北京市海淀区车公庄西路33号　邮编：100048
发 行 部：010-68469781　010-68414683（传真）
总编室兼传真：010-88417359　版权部：010-88417359

开　　本：16开（787mm×1092mm）
印　　张：12
字　　数：200千字
版　　次：2016年9月第1版　　2018年8月第2次印刷
印　　刷：北京隆晖伟业彩色印刷有限公司
书　　号：ISBN 978-7-5146-1360-5
定　　价：35.00元

前言

　　中国素有"衣冠王国"之称，上起史前，下至明清，中华各民族在长期的生产活动和社会实践中，创造了无数精美绝伦的服饰。中国传统服饰文化是中国传统文化的重要组成部分，是中华各民族创造的宝贵财富，在世界服饰史上有着十分重要和特殊的地位。

　　服饰是人类生活的要素，也是一种文化载体。中国服装款式的发展和演变，面料和色彩的选用与搭配，着装的特定场合和等级规定，反映着特定时期的社会制度、经济生活、民俗风情，也承载着人们的思想文化和审美观念，一部服饰史，也是一部生动的历史文化百科全书。

　　本书通过回顾中国传统服饰的历史及其发展过程，对中国服饰中常见的款式做了详细的解读，并配以大量精美的图片和解说，帮助读者更直观、便捷地了解中国传统服饰。

目录

图国
典粹
服
饰

一

首服

在中国传统服饰中,首服是重要的服饰之一,包括冠、巾、帽、面衣、发式等多种形式。

最早的冠、巾、帽等首服,以保暖御寒为主要目的,多用质地厚实的布帛或毛皮制成。随着社会制度和人文礼教的发展,冠服制度被纳入"礼制"的范畴,成为区分等级、辨别尊卑的重要标志。上自帝王后妃,下至百官命妇,以至平民百姓,首服的形式与材质各不相同。可见,中国传统服饰中的首服,既有实用和装饰美化的功能,更包含了标示身份地位的作用。

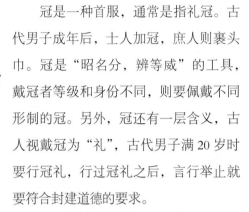

冠

冠是一种首服，通常是指礼冠。古代男子成年后，士人加冠，庶人则裹头巾。冠是"昭名分，辨等威"的工具，戴冠者等级和身份不同，则要佩戴不同形制的冠。另外，冠还有一层含义，古人视戴冠为"礼"，古代男子满20岁时要行冠礼，行过冠礼之后，言行举止就要符合封建道德的要求。

中国的衣冠服饰制度，至周代时已趋完善，而历代的冠制又以汉代的最为丰富。

先秦时期的冠，形制基本一致，有帝王、诸侯、卿大夫所佩戴的冕冠、弁冠、委貌冠等。

汉代，冠的式样丰富多彩。汉代的职别等级，主要通过冠帽及佩绶来体现。如皇帝戴冕冠，文官戴进贤冠，武官戴武冠，执法官戴獬豸冠等。同为进贤冠，又用三梁、二梁、一梁区分尊卑。此外，还有长冠、通天冠、远游冠等。汉代的冠制对后世产生了很大影响，很多冠式被沿用下来。

秦汉以后的历代都有各具特色的冠制，如唐代的翼善冠、元代的顾姑冠、明代的忠靖冠等。直到清代重新颁行冠服制度，中国传统的冠制才被废弃。清代礼冠名目繁多，有祭祀典礼上用的朝冠、朝会时用的吉服冠、燕居时用的常服冠，还有行冠、雨冠等。清代以顶戴花翎显示文武百官不同的身份和地位。

关于冠的名词

冠礼

冠礼是我国古代汉族男子的成人礼，始于周代，男子满20岁（天子、诸侯可提前至12岁），要举行加冠之礼，改束成人发髻，由长辈为其加冠，以示成人，称为冠礼。据《礼记·冠义》记载："古者冠礼，筮日筮宾，所以敬冠事。"

弱冠

古代男子20岁行冠礼，表示已经成年。弱冠指男子20岁，初加冠。出自《礼记·曲礼上》："二十曰弱，冠。"后世泛指男子20岁左右的年纪。

未冠

古时男子年20岁行冠礼。故未冠指男子未满20岁。

六冕

周代的冕冠有六种式样,与不同服饰搭配,分别用于不同场合:大裘冕、衮冕、鷩冕、毳冕、绨冕、玄冕,合称"六冕"。六种冕服的功能、形制有别。

大裘冕:用于帝王祭祀天。

衮冕:用于帝王祭祀先祖。

鷩冕:用于帝王和百官祭祀先王、行飨射典礼。

毳冕:用于帝王和百官祭祀山川。

绨冕:用于帝王和百官祭祀社稷。

玄冕:用于帝王和百官参加小型祭祀活动。

缁布冠

缁布冠,又称"麻冕",指古代男子初冕时所用的黑色布冠。按古代习俗,男子成人时都须行加冠之礼,冠分三等,开始用缁布冠,后用皮弁,最后用爵弁,三加之后理发为髻,以示成人。

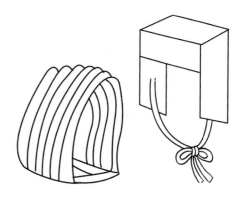

《新定三礼图》中的缁布冠 聂崇义(宋)

冕冠

我国古代最重要的冠式,也称"旒冠",俗称"平天冠",是帝王、王公、卿大夫参加祭祀典礼时所戴的等级最高的礼冠,始于周代。因其非常尊贵、庄重,成语"冠冕堂皇"就由此演绎而来。

冕冠,由冕綖、冠圈、冕旒、笄、纮、充耳等部分组成。根据周代礼仪规定,戴冕冠者都要身着冕服,冕冠制度一直为后代沿用,冕冠的基本式样也被历代沿用。明代以后,冕冠被废,代之以朝冠。

《三才图会》中戴冕冠的轩辕氏(明)

3

禹

克勤于邦　烝民乃粒

应鼓在躬　廪中允塞

恶酒好言　九功由立

不伐不矜　振古莫及

冠圈
位于冕綖下面，用铁丝、竹藤、漆纱等编织成筒状，也称"冠武"。冠圈两侧开有小孔，名叫"纽"

玉笄
纽中可插玉笄，以便将冠固定在发髻上

冕綖
冕冠顶部的盖板，名綖，冕板上涂黑，下涂红，象征天与地。冕綖略向前倾斜，象征天子勤政爱民

冕旒
綖的前后两端垂旒，用五彩丝线穿五彩圆珠而成。一串玉珠为一旒，旒的多少视戴冠者的身份而定，有三、五、七、九及十二之别，以十二旒最为尊贵，为帝王专用。《礼记·玉藻》谓："天子玉藻，十有二旒。"十二旒表示帝王不视非、不视邪，成语"视而不见"就是由此派生的

纩
纩又称"瑱"，俗名"充耳"，是系在纮上的丸状玉石，据说是用来提醒帝王不听信谗言的。成语"充耳不闻"就由此引申而来

纮
在冠沿、两耳附近各结一段彩色丝绳，叫做"纮"。有人认为其发展为天河带，即从冕板上垂下过膝的丝带，在隋唐以后的画中可以见到

爵弁

弁是古代礼冠的一种，比冕冠次一级。古时男子穿着礼服时戴弁。弁主要有爵弁、皮弁、韦弁、冠弁等形制。爵弁形制与冕相似，但綖不倾斜，前后无旒，綖下作合掌状，颜色为赤而微黑的雀头色，又称"雀弁"。爵弁是士的最高等首服，用于祭祀。

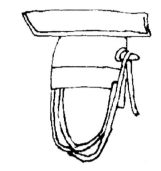

《新定三礼图》中的爵弁 聂崇义（宋）

皮弁

皮弁用白鹿皮缝制而成，缝合处缀有一行玉石，形状类似翻倒的杯子，用于帝王朝见诸侯或田猎。皮弁上的玉饰颜色和数量区分尊卑，天子用五彩玉；侯、伯、子、男用三彩玉；卿大夫用二彩玉；士一级则不用玉饰。

《新定三礼图》中的弁冠 聂崇义（宋）

《历代帝王像》中戴皮弁的陈后主

委貌冠

委貌冠又称"玄冠"，男子礼冠。以黑色丝帛制成，长七寸，高四寸，前高广，后卑锐，上小下大，形状像倒扣的杯子，固定时用缨带而不用发笄，通常是贵族在上朝时所戴。此冠始用于商周，隋代以后，逐渐变为学士、舞者所戴之冠，而贵族男子则不戴此冠。

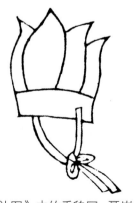

《新定三礼图》中的委貌冠 聂崇义（宋）

长冠

长冠也称"斋冠""齐冠""刘氏冠""竹皮冠""竹叶冠""鹊尾冠"等,是贵族祭祀宗庙时所戴之冠。通常以竹皮为骨架,外层髹漆,冠的顶部扁而细长。汉高祖刘邦常戴此冠,因此也称"刘氏冠"。至隋代,在《隋书·礼仪志·卷七》中记载:"诸建华、绛鞲、鹖冠、委貌、长冠、樊哙、却敌、巧士、柸、却非等,前代所有,皆不采用。"可见,其形制到隋代时已被废。

湖南省长沙马王堆一号墓出土的帛画(汉)

长冠

獬豸冠

獬豸又称"獬冠""豸冠",是一种法冠。獬豸是古代传说中一种神兽,头上有一角,性忠能辨曲直。獬豸冠则是指装饰有獬豸外形的法冠,取其彪悍威严之意,战国时期已有这种形制。

獬豸冠

通天冠

皇帝礼冠,用于郊祀、朝贺及宴会,相当于百官的朝冠。秦代时采用楚冠之制,通天冠成为皇帝的常服。汉代沿用旧名,但重新创立形制:以铁为梁,正竖于顶,梁前有装饰。自汉代以后,历代相传,形式屡有变更,如晋代在冠前加金博山;南朝宋时在冠下衬黑介帻;隋代于冠上附蝉,并饰以珠翠等;至唐代一改旧制,以铁丝为框,外裱绸绢,冠身向后翻卷,顶饰二十四梁,并装饰有组缨、簪导,因冠式高而翻卷,形似卷云,亦称"卷云冠"。此冠沿用至明代,清以后被废除。

冠梁　　　　　玉珠

金博山

玉簪

周文王像

《朝元仙仗图》中戴通天冠的东华天帝君　武宗元（北宋）

　　《朝元仙仗图》是北宋年间道观壁画的样稿。描绘了道教传说中东华天帝君与众仙去朝谒元始天尊的情景。东华天帝君居中，其他神仙簇拥其左右。帝君庄严，神将威猛，女神仙恬淡自然，曼妙多姿

远游冠

　　远游冠又称"通梁"，古代诸王所戴的礼冠。此冠从楚冠演变而来，汉代时与通天冠类似，汉代以后历代相袭，并以梁的数量区别身份地位。元代以后，这种形制逐渐被废除。

《洛神赋图》里戴远游冠的曹植　顾恺之（东晋）

远游冠

赵惠文冠

赵惠文冠原是中国西部地区少数民族所戴的一种冠，战国末年，赵武灵王效仿胡服而戴此冠。惠文冠的来历有两种说法，一是赵武灵王之子惠文王使此冠得以完善，因此以其名称之；另一说是此冠本来用繐布制成，质地轻细如蝉翼，后"繐"转为"惠"而得此名。此冠以漆纱制成，形状像簸箕，上面装饰貂珰（貂尾和金银珰）。

河南洛阳金村出土错金银狩猎纹铜镜上的骑士纹饰（战国）

武冠

武冠，即武弁，又称"武弁大冠""繁冠""建冠"，为汉代武将所戴之冠。此冠从赵惠文冠演变而来，秦王灭赵后，以此冠颁赐近臣。汉代继续沿用，并分为两种形式：没有装饰貂珰的为武官所用，称为"武冠"；有貂珰的为宦官所用，仍称为"惠文冠"。

武冠

笼冠

汉代武冠的一种延续形式，就是以一个笼状的硬壳套在帻上。在魏晋南北朝时为武官使用，形制也和武冠相似。隋代的笼冠外廓上下平齐，接近长方形。唐代的笼冠外廓呈梯形。

《女史箴图》里戴笼冠的男子　顾恺之（东晋）

梁冠

梁冠是一种缀有直梁的礼冠。梁是指冠上的竖脊，既有装饰作用，又可以以数量辨别等级。远游冠、进贤冠、通天冠都属于梁冠之类，通常用麻布等材料制成。

《洛神赋图》里的贵族和侍从　顾恺之（东晋）

唐朝礼官
三位礼官的服装一致，均头戴
黑色介帻，外罩黑纱制的笼冠

《客使图》（唐）

唐代鹖冠的冠耳呈两只
鸟翅形，鹖鸟自冠前顶
部作展翅俯冲的姿势，
颇为生动

鹖冠

　　鹖冠也称"鹖尾冠"，是一种武士所戴的冠，也是
武冠的另一种形式。鹖就是一种凶猛的鸟，性格好斗，
战斗至死方休。鹖冠以漆纱制成，形似簸箕，左右两侧
装饰鹖尾，以示英勇善战之意。其形制始于战国，秦汉、
魏晋历代沿袭，唐代仍沿用，唐以后逐渐被废。

戴鹖冠的陶俑（唐）

却敌冠

却敌冠是古时卫士所戴的一种冠。形制与进贤冠相似，冠下有垂缨，汉魏六朝时较为流行。通常前高四寸，通长四寸，后高三寸。自南朝陈以后其制被废。

却敌冠

进贤冠

文吏、儒士所戴的一种礼冠，因文吏、儒士有向上荐引能人贤士之责而得名。通常以铁丝、细纱为材料，冠上缀梁，以梁的多少区别等级，常见有一梁、二梁、三梁等数种，以三梁为贵。冠前高后低，前柱倾斜，后柱垂直，戴时加于巾帻之上。此冠在两汉时期较为常见，汉代以后历代相袭。自晋代起，皇帝也戴五梁进贤冠。元代以后曾一度用于侍仪舍人，清代以后其制被废。

武氏祠汉画像拓片中戴进贤冠的文吏（汉）

忠靖冠

忠靖冠，又称"忠靖巾"，明代的官员退朝闲居时所戴的一种帽子。制作时用铁丝围成框架，用乌纱、乌绒包裹表面。冠的形状略呈方形，中间微突，前面部分装饰有冠梁，并且压有金线。后部的形状像两个小山峰。冠前的梁数根据官职的品级而定。

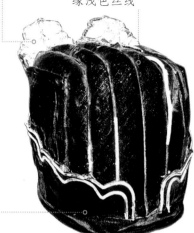

冠后竖立两翅（当时称"山"）

正前上方隆起，压以金线。三品以上，冠用金线缘边；四品以下，不许用金，只能缘浅色丝线

以铁丝为框，外蒙乌纱

王锡爵墓出土的忠靖冠（明）

古代戴冠者不限于男子，女子也戴冠，但只有王后、嫔妃、命妇等身份及地位较高者戴之，普通女子以发髻为主。

周代至汉代，贵族妇女参加祭祀典礼时，所戴的首服是假髻，上面安插金银珠翠饰品。从汉代开始，以凤凰饰首的风气在上层社会流行起来，凤凰形冠随之产生，并发展成后来的凤冠。宋代把凤冠纳入衣冠服饰制度，成为贵族妇女的礼冠。元代后妃、命妇参加典礼时，一般不戴凤冠，而是戴一种叫做顾姑冠的礼冠，具有鲜明的时代特色。明代沿用凤冠，在《历代帝后像》和考古发掘的文物中，可以看到当时的凤冠形象。清代颁布新的服饰制度，仍保留了以凤凰装饰礼冠的做法。清代皇后、嫔妃参加庆典时，戴一种装饰有凤凰的朝冠。

除凤冠、顾姑冠、朝冠等礼冠之外，古代贵妇还流行戴花冠，这是受中国古时簪花风尚的影响，在唐、宋、明代盛行一时。

明孝靖皇后着凤冠圆领袍画像

凤冠

古代妇女的礼冠，是女冠中最贵重者，因冠上饰有凤凰而得名。以凤凰饰首的风气，早在汉代已经形成，其制历代多有变更，至宋代被正式定为礼服，并列入冠服制度，规定除皇后、妃嫔、命妇之外，其他人未经允许，不得私戴凤冠。但民间婚嫁时新娘可戴凤冠。

明孝端显皇后画像

冠后部饰六扇珍珠、宝石制成的"博鬓"，呈扇形左右分开

冠前部饰有对称的翠蓝色飞凤一对，凤背部满布珍珠，口衔珠滴

冠顶部饰有三条金丝编制的金龙，其中左右两条龙口衔珠宝流苏

凤冠以髹漆细竹丝编制作胎，通体饰翠鸟羽毛点翠的如意云片，下缘镶金口。18朵以珍珠、宝石所制的梅花环绕其间

冠口沿镶嵌红宝石组成的花朵

明孝端显皇后凤冠

1958 年在北京昌平定陵出土的明神宗孝端显皇后的凤冠，冠高 35.5 厘米，口径 19~20 厘米，重 2.905 千克。为皇后在接受册封、谒庙、朝会等典礼时戴的礼冠。全冠共饰红、蓝宝石一百余块，珍珠五千余颗，金龙、翠凤、珠花、翠叶，金彩交辉，富丽堂皇，堪称瑰宝。

顾姑冠

顾姑冠，也称"罟罟冠""姑姑冠""固姑冠"，是宋元时期蒙古族贵妇所戴的一种礼冠。一般以铁丝、桦木或柳枝为骨，形体较长，妇女戴着它出入营帐或乘坐车辇时，必须将顶饰取下。冠外裱皮纸绒绢，冠顶插有若干朵翎，装饰金箔珠花、绒球、彩帛、珠串或翎枝，行动时摇曳生姿，所用饰物均依戴冠者的身份等级而定。

冠编竹为胎，外罩大红罗

用大珠穿结成各式各样的装饰，再插以小珠花朵，并金饰镶嵌

元世祖皇后像

图选自南薰殿旧藏《历代帝后像》，为元世祖后彻伯尔的盛装半身像。其头戴珍珠饰顾姑冠，穿交领织金锦袍，雍容华贵

花冠

花冠，采用绢、罗等材料制成的花或用真花装饰的冠状饰物。初见于唐代，宋代时盛行。宋代上层社会妇女喜欢戴花冠，沿袭唐、五代以来的花冠形制，以多层仿真花瓣层层黏合而成花冠的形式，而且越来越高大。除此之外，还出现了新样式，比如用绢帛制成一年四季的各色花朵堆砌而成的花冠。宋代陆游的《老学庵笔记》载："靖康初，京师织帛及妇人首饰衣服，皆备四时。……花则桃、杏、荷花、菊花、梅花，皆并为一景，谓之'一年景'。"

女子所戴的冠周围饰以大片莲瓣，层层叠叠，如同一朵初放的莲花，故名为"莲花冠"，此冠在宋代广为流行

《花石仕女图》里戴冠的仕女（宋）

《宫乐图》里戴花冠的仕女（唐）

　　花冠是盛唐时期贵族女子流行的发冠，以绢、罗等材质制成花瓣形，层层叠叠地连缀在帽胎上，呈冠帽状，罩在发髻上作为装饰

朝冠

　　清代皇太后、皇后的朝冠非常华贵，分冬夏两种，冬用薰貂，夏用青绒。皇后以下的贵妇的朝冠，以饰品的形制和数目区分。嫔的朝冠饰以金翟，皇子福晋以下以金孔雀装饰。

　　右图中的朝冠上覆有红色丝纬，丝纬上缀有七只金凤。冠的顶有三层，叠压着三只金凤，金凤之间各饰一只东珠。冠后饰有一只金翟，翟尾垂五行三百零二颗珍珠，每行饰有青金石、珊瑚等

貂皮嵌珠皇后朝冠（清）

清孝庄文皇后朝服像

巾，又称"头巾"，指裹头用的布帕，是中国古时的一种首服。最初，巾是用来擦汗之布，后又用来裹头，一物两用。秦汉以前，贵族戴冠，而普通百姓多以布裹头，称"帻"。《说文解字》："发有巾曰帻。"《方言》："覆结（髻）谓之帻巾。"最早的帻，是战国时秦国男子包头的巾帕。

巾的颜色以青、黑为主，如魏国百姓以青巾裹头，就被称为"苍头"；秦国百姓用黑巾裹头，就被称为"黔首"。

东汉末年，因为统治者的使用和士人的不拘于礼法，轻便的头巾大为流行，扎巾成为时髦装扮，王公贵族竞相用头巾来束发，以附风雅。晋人傅玄《傅子》载："汉末王公，多委王服，以幅巾为雅。"幅巾通常用布帛裁成方形，长宽和布幅相等，使用时通常以幅巾包裹发髻，在额前或颅后系结。在陕西省秦始皇陵出土的兵马俑、山东省临沂金雀山出土的汉墓帛画、河南省洛阳八里台汉墓砖画中均可以看到秦汉时期男子裹头巾的形象。

最初的头巾为方帕，每次使用时都要临时系裹，后来出现了事先被折叠缝制成各种形状的巾，用时直接戴在头上，非常方便。东汉时出现的角巾就属于这种形制。

魏晋南北朝时期，幅巾非常流行，尤其是士人对幅巾十分偏爱。在江苏省南京西善桥南朝贵族墓葬出土的《竹林七贤与荣启期》砖画中，可以看到晋代幅巾的形象。头巾除了家居时使用外，还可以用于礼见，甚至代替盔帽。

北周武帝宇文邕时期，对汉魏时期流行的幅巾做了改进，将方帕裁出四脚，用以裹头。其两条系于颅后垂下，二条反系在头上，这种形制的头巾称"幞头"，又称"四脚""上巾"，或"折上巾"。

隋唐时期，幞头是男子的主要首服。幞头比较软，不太美观，人们便在幞头里垫入衬物，使幞头显得硬挺，这个衬物称"巾子"。巾子的不同造型使幞头的式样变化丰富起来，以唐代幞头为例，

戴介帻文官青釉陶俑（隋）

15

有平头小样、武家诸王样、英王踣样等。帩头后面的两脚，也有各种变化，有软脚帩头、硬脚帩头、朝天帩头、局脚帩头、直脚帩头等形式。进入五代，帩头发生了较大变化，如用漆纱代替巾帕，省去了巾子，称"漆纱帩头"，通常做成方裹型，顶部有两层，前低后高，形似帽子。

帻

古时男子包髻之巾。使用时绕髻一周，至额部朝上翻卷，下部齐眉。西汉末年，相传王莽因秃头怕人耻笑，特制巾帻包头，后来戴帻就成为风气。世人无论贫富贵贱，均可戴帻。贵族在帻上加冠，平民无冠，只戴帻。东汉末年，王公大臣戴帻更加普遍。隋唐以后，帻制不兴。

帻的式样有多种，一为尖顶，称为"介帻"，多用于武官；一种为平顶，称为"平上帻"，多用于文吏；还有一种为无顶头巾，系扎时遮住额部，缠绕一周，通常为童子所戴，也用于庶民，称为"半帻"。

裹头巾的秦始皇陵兵马俑（秦）

角巾

角巾又称"折角巾""垫巾""林宗巾"指有棱角的头巾。相传东汉名士郭林宗外出遇雨，头巾被淋湿，角巾的一角陷下，时人见之纷纷效仿而形成风气。另外还专指明代儒生的软帽，有四、六、八角之分，四角也称"方巾"。

《高逸图》里戴角巾的文士（唐）

纶巾

纶巾是一种以青丝织成的头巾。通常为士人佩戴，颜色以白为贵，取其高雅洁净之意。东汉以后较为流行，隋唐时期因帩头的盛行用之渐少，入宋以后开始恢复。相传诸葛亮与司马懿交战时即戴此巾，又称"诸葛巾"。

诸葛巾

梳丫髻，穿宽袍、
袒露胸脯的嵇康

裹巾子、穿宽
袍的阮籍

裹巾子、穿宽袍、
袒露胸脯的山涛

梳丫髻、穿宽
袍的王戎

穿宽袍的荣启期

裹巾子、穿宽
袍的阮咸

穿宽袍、袒露
胸脯、梳丫髻
的刘伶

裹巾子、穿宽
袍的向秀

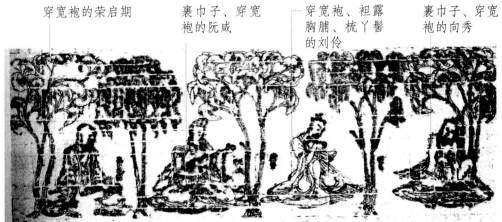

《竹林七贤与荣启期》砖画拓片（南朝）

羽扇纶巾

诸葛亮像

　　羽扇，用鸟的羽毛制成的扇子。纶巾，用青丝带制成的头巾，即形容态度从容。相传，诸葛亮与司马懿交战时，手持羽扇、头戴纶巾，气定神闲地指挥三军。司马懿使人前去探视，得知诸葛亮的装束后，叹道："可谓名士矣！"这种装束虽不是诸葛亮独创，但因其而名扬天下，成为后世儒将、名士的装束。

17

巾子

俗称"山子"，幞头下的衬垫物。幞头的外形变化取决于巾子的形状。巾子通常以桐木、竹篾制作，形状像网罩，用时扣在发髻上，外裹巾帛。巾子相传为隋末所创，自唐初兴起，无论身份贵贱皆可使用。五代以后，幞头的质地变硬，就不再另外裹巾了。

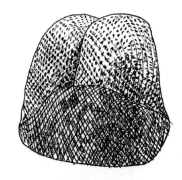

新疆吐鲁番阿斯塔那出土的巾子复原图

平头小样

初唐时期巾子的样式，其形式比较简单，顶部一般呈扁平状，无明显分瓣。至武则天时期，因武家诸王样的出现而逐渐被淘汰。

《步辇图》里戴平头小样的官吏 阎立本（唐）

武家诸王样

武家诸王样又称"丝葛巾子""武氏内样"，初唐时期的巾子样式。其形状比平头小样要高，顶部有明显的分瓣，中间凹陷，乃武则天改制时所创。至唐中宗景龙四年（710），因英王踣样的出现而逐渐被淘汰。

武家诸王样

英王踣样

盛唐时期的巾子样式。其形状顶部微尖，呈高耸状，左右分成两瓣，形成两个球状，高而前倾。"踣"，即有颠仆之势的意思。因中宗景龙四年宴赐群臣而流行，唐开元十九年（710）后，由于官样巾子的出现而逐渐被淘汰。

戴英王踣样幞头的立俑（唐）

宋代，仍沿用幞头，并发展成为帝王百官的官帽。此时的文人、名士便又崇尚起以幅巾裹头的习惯。宋代幞头形制多样，幞头的顶有方圆之分，以方形为主流。脚有软硬之分。北宋沈括《梦溪笔谈》载："本朝幞头有直脚、局（曲）脚、交脚、朝天、顺风，凡五等，惟直脚贵贱通服之。"两脚平展的称"直脚幞头"；两脚短小的称"局脚幞头"；两脚相交的称"交脚幞头"；二脚上翘的称"朝天幞头"。

由宋至元的四百年间，扎巾的习俗经久不衰。宋代非常盛行裹头巾，且头巾的形制变化较大，样式繁多，如东坡巾、逍遥巾、仙桃巾、山谷巾、胡桃结巾、燕尾巾、方顶巾、圆顶巾等。

首服

戴上翘的硬脚幞头、穿袍服的文士，倚着松干，似在构思

戴软脚幞头、穿袍服的文士，倚垒石持笔觅句

《文苑图》周文矩（五代）

直脚幞头

直脚幞头，又称"展脚幞头""平脚
幞头""乌纱帽"，在五代直脚幞头的基
础上发展而来。在宋代被用作官帽，据
说是为了防止官员上朝时交头接耳而使
用。直脚幞头以铁丝、竹篾制作成两脚
的支架，两脚向左右伸展，又长又平，
像两把直尺，外面蒙上皂纱，附缀于幞
头之后。

宋高宗像

《三才图会》中的宋太宗像（明）

东坡巾

宋代文人雅士所崇尚的一种头巾，
官吏、差役也使用。以乌纱为材料，形
状为四面体，有里外两层，外层的前后
左右各折一角。相传因宋代名士苏东坡
戴此巾而得名，元明时期较为流行。

苏轼像

仙桃巾

古代男子所戴的一种头巾,多以纱罗制成,背后望之,形如钟,多用于道人隐士,在宋代较为流行。宋代蔡伸《小垂山》:"霞衣鹤氅并桃冠。新装好,风韵愈飘然。"

仙桃巾

逍遥巾

初为庶人裹戴的头巾,后士人皆戴。因两脚垂于背后,故名。辽、金发祥之地处于北方,较为寒冷,老年妇女多以逍遥巾裹头,以御寒冷。金代老年妇女以黑纱笼髻,如同裹巾,其上散缀玉饰件,称"玉逍遥"。

白玉绶带鸟衔花饰件(金)

在逍遥巾上常饰有镂空花鸟纹玉件,此玉饰件为白玉质,细腻莹润。在工艺上采用镂雕技艺,花朵、叶脉、羽毛都碾琢得精致生动

山谷巾

宋代女子戴的一种头巾,巾的形状如两山之谷,有瘦高、矮小等式样,戴时直接将巾扣在发髻上,再用钗、簪或发带固定。

河南省偃师酒流沟宋墓出土砖画中戴山谷巾的温酒厨娘

竹林间，圆通大师
在说禅

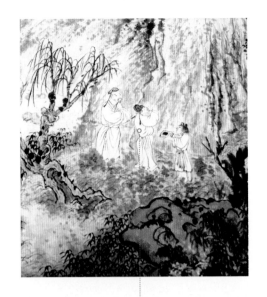

米芾立于一块岩石前，
正在石上题字，侧旁
有一书童为他捧墨

苏东坡戴东坡巾，
身着长袍，正在桌
前执笔作书

秦观坐在多有节
瘤的古柏旁，陈
碧虚正在弹阮

王诜所戴的巾子
是仙桃巾

李公麟在作画，子由、
黄庭坚、张耒、晁补之
都围在桌旁观看

《西园雅集图卷》石涛（清）

　　此图描绘了北宋王诜与文人墨客雅集的场景。图中有苏轼、苏辙、黄庭坚、米芾、
蔡肇、李之仪、李公麟、晁补之、张耒、秦观、刘泾、陈景元、王钦臣、郑嘉会、圆通
大师等人，他们于园林中，题字、作诗、作画、抚琴、说禅

明代裹巾的风气有增无减，超过了以往任何时代，有名可籍者有网巾、四方平定巾、飘飘巾、万字巾、唐巾、纯阳巾、披云巾、平顶巾、儒巾、四带巾、二仪巾等。其中，以网巾和四方平定巾使用最广。明代还有一种乌纱折角向上巾，是明代皇帝着常服时戴的首服。

网巾

明代成年男子的束发之物。通常以黑色丝绳、马尾、棕丝或绢丝编成，在室内时可将其露在外面，外出时则必须戴上帽子，否则会被认为失礼。网巾类似渔网，用布帛做边，上面缀有金属制成的小圈，内穿绳带，收束绳带即可束发。网巾上部有圆孔束带，使用时将发髻穿过圆孔，名叫"一统山河"。明朝天启年间省去上口束带，名叫"懒收网"，明亡后，此巾被废。

戴网巾的男子

《三才图会》中的网巾（明）

《天工开物》中戴网巾的农民（明）

乌纱折角向上巾

此巾以竹丝为胎，外裱乌纱，形制与百官的乌纱帽相似，不同的是后面的脚上折，故名。明永乐三年(1405)后，称此巾为"翼善冠"。

帝王所戴的"翼善冠"，以鎏金纱制成，上面附有双龙戏珠装饰。据《明史·舆服志》载："永乐三年更定，冠以乌纱冒之，折角向上，其后名翼善冠。"

明神宗像

23

隆起的山部饰以金丝
累制的二龙戏珠，龙
身嵌猫眼石、黄宝石
各两块，红、蓝宝石
各五块，绿宝石两块、
珍珠五颗

龙首托"万""寿"
二字
有金折角两片

冠以细竹丝编制而
成，外裱黑纱

明神宗乌纱翼善冠

　　通高 23.5 厘米，径 19 厘米，金饰件总重量 307.5 克。1958 年于北京定陵地下
宫殿出土。乌纱翼善冠出土时戴在万历头部

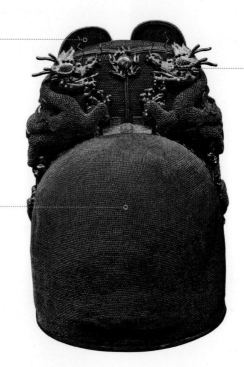

金折角，俗称纱帽
翘，取折角向上的
形式

后山部分，采用阳錾
金工艺雕刻成二龙戏
珠图案，二龙昂首相
对，造型生动，气势
雄浑，反映了明代金
银工艺的高超水平

前屋部分，用纤细
的金丝编成"灯笼
空儿"花纹，疏密
一致，无接头，无
断丝

明神宗金翼善冠

　　通高 24 厘米，径 20.5 厘米，重 826 克。1958 年于北京定陵地下宫殿出土。此冠由前屋、
后山和金折角三部分组成，全为金制

四方平定巾

四方平定巾又称"方巾"，是明代流行的一种首服，为古时官员、儒士的便帽所戴。以黑色纱罗制成，可以折叠，展开时四角皆方，故名。《明史·舆服志》这样记载："儒士、生员、监生巾服。洪武三年，令士人戴四方平定巾。"相传由明初杨维祯所创，明郎瑛《七修类稿》载："今里老所戴黑漆方巾，乃杨维祯入见明太祖朱元璋时所戴。上问：'此巾何名？'对曰：'此四方平定巾也。'"朱元璋听后非常高兴，认为此巾寓意天下安定、国泰民安，于是颁行天下。

四方平定巾从正面看呈倒梯形，顶部呈四方形，前高后低的斜面给人流动感

《葛一龙像》曾鲸（明）

儒巾

明代儒士、士人常戴的一种头巾，据明代王圻、王思义《三才图会》记载："儒巾，古者士衣逢掖之衣，冠章甫之冠，此今之士冠也。凡举人未第者皆服之。"儒巾以漆藤丝或麻布为里，黑绉纱为表。帽围呈圆形，巾身由四片布帛缝制而成，顶部四角隆起，呈方形，后有两条垂带。

戴四方平定巾、穿衫子的文士　　　　戴儒巾、穿衫子的文士

《娄东十老图》（清）

这幅人物群像描绘的是明末清初娄东（今江苏太仓）地区的文人雅士，即陈瑚、陆世仪、王撰、宋龙、郁法、顾士琏、盛敬、陆羲宾、王育、汪士韶。他们以经学、诗文、名节闻名，被誉为"娄东十子"

25

纯阳巾

　　纯阳巾又称"吕祖巾""洞宾巾"，明代隐士、道人所戴的一种头巾。形似唐巾，顶角稍方，上面附有一帛，并折叠成裥，左右两侧附一玉圈，右侧另附一小玉瓶，以备簪花。另有一种形式与飘飘巾相似，前后有披，上面装饰有盘云，而飘飘巾没有盘云。

徐霞客像

飘飘巾

　　明代士大夫所戴的一种便帽。缪良云的《中国衣经》中描写："明代儒生戴的一种巾式，巾顶尖如屋顶，前后各披一片，前片上缀有玉质帽花，后垂两条带。"帽脊前后各有一片长方形布披，因行走时随风飘动，十分洒脱，故名。飘飘巾的形状与纯阳巾类似，只是前后片上没有装饰盘云。

画中张卿子身着广袖白袍衫，头戴飘飘巾，手捻胡须，洒脱随意

巾紧裹前额，巾顶像三角形屋顶，前后各披一片

徐渭像

《张卿子像》曾鲸（明）

唐巾

唐巾，又称"软巾"，以乌纱制成的头巾。其形制与唐代的幞头相似，区别在于其后下垂二脚，里面纳有藤篾，向两旁分开，呈八字形。唐代帝王的一种便帽。宋元时期较为流行，通常用于便服，男女尊卑均可戴用。元代将硬脚改为软脚，一般用于文儒。明代延续其制，也称"进士巾"。另外也专指明代的一种纱帽，用黑色漆纱做成，硬胎，无脚，又称"唐帽"，通常用于士人、小吏、宫中女乐。

李贞像（明）

戴唐巾的男子

《皇都积胜图》[局部]（明）

万字巾

　　古代男子燕居时的一种头巾。其形状上阔下窄，形状如万字。明代以前多用于庶民，明初规定为教坊司官吏之服，后广泛用于武艺教头。

万字巾

披云巾

　　明代士庶男子所戴的一种头巾。以绸缎为面料，内纳棉絮，也可用毡制作。顶部呈扁方形，后垂披肩，用于御寒。

披云巾

平顶巾

　　平顶巾又称"皂隶巾"，古代男子所戴的一种头巾。形状为顶部平坦，后带披巾。

平顶巾

燕居

　　古时人们退朝而处，闲居无事，称为"燕居"。据《礼记·仲尼燕居》记载："仲尼燕居，子张、子贡、言游侍。"郑玄注："退朝而处曰燕居。"燕居也指闲居之所。

包髻

　　包髻是一种长方形头巾，戴时将对角折叠，从额前向后面缠裹，再将巾角绕到额前打结。宋代就已出现此头巾。明代妇女喜欢戴黑色纱罗制作的包发髻。清代，由于剃发令的实施，男子已不扎巾，只有在妇女间仍流行。清代汉族妇女同明代妇女一样，喜欢戴包髻，又叫"包头"。清代叶梦珠《阅世篇》载："今世所称包头，意即古之缠头也。古或以锦为之。前朝冬用乌绫，夏用乌纱，每幅约阔二寸，长倍之。予幼所见，皆以全幅斜褶阔三寸许，裹于额上，即垂后，两秒向前，作方结，未尝施裁剪也。"

《十二美人图之持表对菊》（清）

清代包髻的颜色不限于黑色，使用绫、纱等面料，十分薄软

《三娘子像》唐涛（清）

　　三娘子为蒙古鞑靼部的女首领，于万历十五年（1587），受明政府加封为忠顺夫人。图中三娘子端庄娟秀，身着汉人服饰，头裹包髻，巾上插饰花钿等饰物

包髻的三种形式

1. 包裹住全部头发；
2. 仅包裹头顶发髻；
3. 仅包裹颅后头发，不包裹发髻，将头巾从颅后包向前额发际。

图国典粹
服饰

帽是古时的一种头衣，是在巾的基础上演变而成的，帽与巾的区别在于缝合与否。由于戴帽比扎巾方便省事，巾逐渐被取而代之。

帽的出现较早，大约在距今6千年前就已出现，陕西省临潼邓家庄新石器时代文化遗址曾发掘出土了一尊戴帽陶俑，可以看到早期人们戴帽的形象。

帽的最初用途主要是为了御寒，多以毛毡制成。从帽的出现直到秦汉时期，多为西域少数民族所戴，而中原地区，主要是孩童使用。商周时期，帽的式样逐渐多起来，有不封顶的平顶帽，又称

"帽箍"，帽面有纹饰。从四川省广汉三星堆出土的青铜人像、河南省安阳殷墟出土的玉雕人像中，可以看到此类帽的形象；有一种圆顶高帽，帽体较高，帽檐上翘，形似后世的笠帽；还有一种锥顶高帽，材质多为毛毡、毛线、毛织布等。1965年，从新疆且末扎滚鲁克墓地曾出土了一顶锥顶毡帽，由两块毛毡缝制而成。

三国时期，曹操认为上古先民所戴的一种鹿皮弁轻便实用，于是就将其改造后作为首服，这种帽尖顶、无檐，前有缝隙，称为"帢"，并很快流行起来。

陕西省临潼邓家庄文化遗址出土的陶俑示意图（新石器时代）

这件陶俑头戴的帽子呈圆形，形制较大，质地厚实，帽下露出鬓发

四川省广汉三星堆出土青铜人像（商）

此青铜人像所戴的帽子呈筒形，帽上绣花，帽顶插有角形装饰物

戴帽箍的玉雕人像（商）

毡帽

　　毡帽，指以羊皮或毡类织物为材料做成的帽子。其形状如笠，多用于冬季，早在新石器时代就已经出现，以后历代都有戴毡帽的习惯，并一直延续到近代

　　此时，帽子在中原地区得到了普及。

　　之后，随着戴帽者的增多，帽子的作用已不限于御寒，式样不断更新，帽的材质也多样起来。六朝时，一种以纱縠制成的纱帽是男子的主要首服。纱帽分两种颜色，白色多为贵族所戴，黑色多为百姓所戴。纱帽有方顶、圆顶、高顶等式样。但纱帽质地较轻，容易被风吹落。南北朝时，常见的帽还有风帽、突骑帽等。山西省大同石家寨北魏司马金龙墓出土的陶俑，就头戴风帽，顶圆且高，由厚实的毛毡制成，帽后围以方巾。

　　隋唐时期，沿用南北朝的帽式，如纱帽的使用仍很普遍，《新唐书·车服志》载："白纱帽者，视朝、听讼、宴见宾客之服也。"笠帽在当时也很普遍，以竹篾、棕皮、草葛及毡类等材料编成。形状多为圆形，有宽大的帽檐，用于遮日、避雨，常用于劳作之人。在笠帽的帽檐上加网纱，就成了帷帽。

　　唐代时，汉族服饰受西域服饰的影

《韩熙载夜宴图》中戴纱帽的韩熙载　顾闳中（五代）

　　图中观赏歌舞的韩熙载所戴的纱帽称为"韩君轻格"，以黑色细纱制成，形状高耸，相传此帽由他所造，故名

31

响很大，西域少数民族所戴的胡帽传入中原，在当时颇为流行。胡帽泛指西域少数民族所戴的帽，种类繁多，有珠帽、搭耳帽、浑脱帽、卷檐虚帽等，通常用织锦、兽皮和绫绢等材料制作。从唐开元初年（713）开始，随从皇帝骑马出行的宫人都戴胡帽，其特点是帽檐没有屏蔽之物，靓装露面。其后，士庶之人争相仿效，胡帽逐渐取代了遮蔽面部的帷帽，成为盛唐时期受西域习俗影响而流行的帽式。

宋代士人戴帽风气极盛，且别出心裁，样式繁多。帽按用途分，有凉帽、暖帽、风帽、雨帽等；按材质分，有布帽、毡帽、纱帽、草帽等；按形制分，有大帽、小帽、圆帽、高筒帽等；按使用的场合和功能分，有礼帽、便帽、官帽等。

元代，统治者保留了民族习俗，冬天戴的帽以皮质为主，称"暖帽"。元代的暖帽形似风帽，帽檐上翻，帽顶为圆形或桃形，帽后披搭在肩上。夏天通常戴笠式帽，笠式帽形制因与笠帽相似而得名，是元代蒙古族特有的帽式。其形制有头盔式、平檐式、卷檐式、瓦楞式四种，其中最具特色的是瓦楞帽。

明代男子所戴的帽种类繁多，有承袭元代笠式帽的，口檐上翻或是呈四方瓦楞式，这可以从明代《明宪宗元宵行乐图》《宪宗调禽图》，以及《李孝美墨谱》等作品中看到。明代官吏戴的乌纱帽沿用宋代乌纱帽的式样，只是把帽的主体改为圆形，两脚为短而宽的圆角，平展或上折。普通男子戴一种名为"六合一统帽"的圆帽。

清代男子日常的首服沿用六合一统帽，形制略有变化，有的为尖顶，有的

浑脱帽

浑脱帽，又称"浑脱毡帽""赵公浑脱"，是唐代长孙无忌所创的一种样式。用乌羊皮做成，帽檐用兽毛装饰，其形状类似毡帽，是当时一种流行帽式。

浑脱帽

卷檐虚帽

西域少数民族所戴的一种帽子。盛唐时传入中国，初为舞者所戴，后在民间普及，男女均佩戴。此帽通常以厚实的锦、毡及羊皮制成，考究的还外覆绫绢，并以彩绣装饰。帽顶较为高耸，呈正梯形，帽檐部分朝上翻卷，左右两侧可盖住双耳，有时在帽上还饰有小铃，行动时发出声响。

卷檐虚帽

为平顶，帽边有宽有窄。帽顶常装饰一颗结子，有的帽额上缀有玉石。这种帽分瓣明显，形似西瓜。清代冬季流行戴暖帽，圆帽顶，帽檐上翻，镶有皮毛，帽顶缀以珠玉等装饰物。清代官吏按照季节不同，佩戴不同的帽子。清代礼冠制度规定，凡冬春所戴者，通称"暖帽"；夏秋所戴者，则称"凉帽"。此外，明清女子间流行戴一种称作"观音兜"的帽子。

风帽

风帽，又称"风兜"，是一种挡风御寒的暖帽，历代均有使用。通常以厚实的织物制成，中间纳棉絮，也有用毛皮制作的。帽下有裙，戴时兜住耳朵，披至肩部，男女皆可戴用。此帽罩在冠帽之外，一般在出行时穿戴，不属于礼服之类，因此见客时必须除去，否则会被视为失礼。

戴风帽的立俑（唐）

突骑帽

一种绑带的风帽。以锦或皮毛制作，缀有帽裙，戴时垂至肩部，顶部以布条系住发髻。此帽本为北方少数民族所戴，南北朝时较为常见，唐朝时最为流行。

戴突骑帽的立俑（唐）

33

帷帽

帷帽是在藤席编成的笠帽上装上一圈纱网，可起到屏蔽的作用。此帽本是西北少数民族妇女遮阳、防风之用，后传入中原，成为汉族妇女骑马出行的装扮。此帽在唐代武则天执政时期尤为盛行。因为其简洁轻便、戴卸方便，并且可以将脸面浅露在外面，深受当时妇女的喜爱。唐开元时期，戴帷帽的风潮减弱。

帷帽

戴帷帽的唐代女子

《明皇幸蜀图》李昭道（唐）

帷帽高顶宽檐，帽檐的左、右、后三面垂有薄而透的丝网或薄纱，长至颈部，也有的四面均有纱网，以作掩面

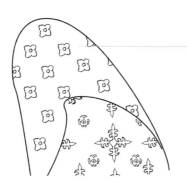

珠帽

　　珠帽，也称"蕃帽"，唐代吐蕃及西域少数民族所戴的一种便帽。此帽是在搭耳帽的基础上用珠子缀成图案，故名。一般由厚实的彩锦织成或以羊皮为地。唐初时，西域舞女在跳胡腾舞时常戴此帽。后来汉族妇女也喜佩戴，逐渐变成一种流行帽式。

戴珠帽的唐代女子

搭耳帽

　　搭耳帽，又称"爪牙帽子"，西域少数民族用以御寒的一种便帽。一般用厚实的织锦或羊皮制作，也有用多层绫绢制的。帽顶尖耸，两侧缀有活动的护耳，外出时可将护耳放下。魏晋南北朝后，受西域生活习俗的影响，汉族也开始戴此帽。

新疆吐鲁番阿斯塔那张礼臣墓出土的绢画（唐）

戴后簷帽的元世祖像

戴暖帽的元太宗像

瓦楞帽

　　瓦楞帽是古代北方游牧民族的传统帽饰，为男子所戴，帽檐有方有圆，帽顶折叠似瓦楞，因而得名。此帽出现于金元时期，明代起初用于儒生，嘉庆后逐渐为平民所用。

帽身有四棱，
帽顶为方顶

圆顶，顶心
加珠饰，帽
檐略带弧度

戴四方瓦楞帽的男子

元成宗像

四方瓦楞帽

四方瓦楞帽

元至顺刻本《事林广记》插图

明代乌纱帽的主
体部分为圆形，
前高后低，两个
展脚短而宽，圆
角下展形，或是
圆角横翼形

乌纱帽

一指以黑色纱罗制成的软帽，通
常制成桶状，戴时高竖于顶，魏晋以
后较为流行，逸士文人所戴较多。隋
代以乌纱为礼冠，隋朝末年，因折上
巾的流行其制渐衰。唐初恢复，至元
代依然流行。

二专指明代官帽，又称"乌帽"，
由唐宋时期的幞头演变而来，以铁丝
为框，外蒙乌纱，帽身前高后低，左
右各插一翅，文武百官上朝均可戴，
入清以后其制被废。

《徐如珂像》舒时真（清）

六合一统帽

六合一统帽，取六方统一之意。最早见于元代，明清两代沿用，是男子普遍使用的一种帽。制作时先将布片剪成六瓣，然后缝合在一起，形如倒扣的瓜皮，俗称"瓜皮帽"。此帽一般用作便帽，冬春以缎为材料，夏秋以纱为材料。

泥塑

明万历刻本插画中戴六合一统帽的各阶层男子

暖帽

暖帽又称"煖帽"。一指冬季所戴之帽，以质地厚实的布料或兽皮制成，其形制有多种，有无沿的桶帽，翻沿的貂帽、毡帽、风帽、搭耳帽等。二指清代官员冬季所戴的帽子。暖帽的形状多为圆形，周围有一道朝上翻卷的檐边，檐边的材料根据气候的变化而有所不同，多为皮毛、呢绒。在帽的顶部，一般还装有帽纬，帽纬之中又饰有顶珠。顶珠的颜色及材料是区分官职的重要标志。

清高宗像

暖帽（清）

凉帽

　　凉帽与冬季的暖帽相对，指清代官员夏季所戴之帽。此帽呈圆锥体，清初时崇尚扁而大，后流行高而小。通常用藤、竹、篾席、草麦秸编结帽体，外裱绫罗，内衬红色纱罗，沿口镶滚片金缘，顶部装饰红缨、顶珠、翎管和翎羽。根据清代礼冠制度，每年三月将暖帽换成凉帽，八月将凉帽换成暖帽。

凉帽（清）

观音兜

　　观音兜是明清时期妇女所戴的一种挡风御寒的风帽。明清画家所作的观世音像多戴此帽。因帽子后沿披至颈后肩际，类似佛像中观音菩萨所戴的帽子式样，故名。

《红楼梦图咏》中戴观音兜的宝琴　改琦（清）　　德化窑白釉"何朝宗"款观音像（清）

宝琴头戴观音兜，身披一条有领无袖的长外衣

39

图国典粹

服饰

面衣是指大幅的覆面之巾。通常以绫罗为材料。面衣的形制有幂篱、盖头、搭面等。使用时除眼、口、鼻部位露出之外，其余均被蒙住，通常是人们外出时所戴，以抵御寒冷和风沙。隋唐之前男女皆可使用，至唐朝时尤为兴盛。唐代之后，多用于妇女。同时幂篱等面衣形制逐渐被更为简便的帷帽所代替，而盖头至宋元时期都十分流行。另外，女子出嫁时使用搭面，一直沿用至民国时期。

《树下美人图》（唐）

唐三彩女俑（唐）

幂篱

一种遮盖头部之巾，通常以黑色纱罗做成。将一块布缝成筒状，上面以一块圆布盖顶，戴时上面覆盖头顶，下面垂于背部，在脸部开一椭圆形的孔，只露出面部。幂篱开始用于西北少数民族地区，大约在南北朝时传入中原，至唐初尤为盛行，成为妇女的出行之服，后来被更加方便的帷帽所取代。

盖头

盖头有三种：一种是指妇女的头巾，盛行于宋元时期，形制和风帽类似，上面覆盖头顶，下面垂于后背，外出或日常家居时均可戴；一种是指面幕，宋代妇女出行时用以遮蔽脸面及上身，作用与幂篱和帷帽相似，一般以深色的纱罗做成四方形，使用时披搭在头上，遮住颜面；还有一种是指旧时女子结婚时用来盖头的帛巾，也称"盖头"，一般多用红色，以示喜庆。

新娘绣花盖头（清）

透额罗

透额罗是盛唐时期流传至元代的一种发饰。一般使用薄而透明的织物包裹发髻和额头，不但可以固定发型，而且具有御寒的功能。

抹额

指束在额上的巾，又称"抹子""抹头"，通常以不同的巾帛裁成条状，系在额间，宋代时曾作为武士的额饰。到了明清时期，成为男女普遍使用的额饰，又称"齐眉""眉勒"或"遮眉勒"。一般以布帛或兽皮制成，形状为条状，戴时绕额一周。其形制有多种：以金属制成的，称为"金勒子"；以丝绳或纱罗制成的，称为"渔婆勒子"；以毛皮制成的，称为"貂覆额"或"卧兔儿"；在勒子上镶嵌珍珠的，称为"攒珠勒子"。

戴透额罗的唐代女子

全珠绣折纸花卉纹眉勒（清）

珠绣是以珍珠、珊瑚、玻璃、宝石等材质的珠子为原料，采用传统刺绣针法而制成的

黑缎地铜胎珐琅彩平针绣花卉纹眉勒（清）

红缎地平针绣一路连科眉勒（清）

《十二美人图之烘炉观雪》（清）　　　　　《十二美人图之消夏赏蝶》（清）

发式

发式是人类最主要的装饰形式，自古以来，人们对头发都非常重视，不仅梳理成各种发型，还用各种饰品进行装饰。发式的造型多种多样，中国古代发式主要有披发、辫发、发髻、剃发等多种形式，其中以发髻的形式最为多样。

◆ 披发、辫发

远古时代的先民，一般都留长发，男女都将头发披在肩上。商代男子则以辫发为主。

披发又称"被发"，是古代先民发型中最古老的一种，在西北地区最为常见。至今，一些少数民族仍保留着原始的披发习俗。披发有两种形式，一种是所有的头发自然垂下，头发覆面或是将头发由前朝后梳理，头发中间用带子系扎后披搭在背后。在古代羌人的活动地区，如甘肃、青海、内蒙古等地，考古工作者发掘出土了大批史前文物，其中不少器具描绘有披发人物的形象。如甘肃省东乡东塬林家出土的仰韶文化晚期人面纹彩陶盆残片，其上就画有披发的形象。披发还有一种断发的造型，即利用人工修剪的手段使长发成为短发。1973年在甘肃省秦安县邵店大地湾发掘出土了一件人形的彩陶瓶，瓶口塑成人头形，其头发梳成齐额的刘海，后面齐颈，发梢整齐，带有修剪的痕迹。

辫发是古代先民的发式之一，即将头发在颅后聚拢起来，编结成辫子。辫发有多种形式，有的从头顶梳起，垂到颅后；或是从颅后的发根梳起，自然下垂；还有的把头发编结成辫子，再盘绕在头顶。

甘肃省东乡东塬林家出土彩陶残片（新石器时代仰韶文化）

《皇清职贡图》中的门巴族（清）

盆的内侧绘有三组共15个舞者，牵手做舞蹈状，舞者都是头顶编结一根辫子发，扬辫摆"尾"，动感十足

青海省大通上孙家寨出土的舞蹈人彩陶盆（新石器时代马家窑文化）

服饰
图国
典粹

◆ 发髻

古代无论男女都蓄发不剪，把头发绾成髻，早在远古时期就已普遍流行。我国各地出土的各式发笄、插梳，都说明梳发髻是古代先民的流行发式。发髻是把头发聚拢在一起，在头顶、颅后或是头侧盘绕成髻。发髻可盘绕成各种形状，如螺形的螺髻、椎状的椎髻、小巧的鬓髻等。传说在燧人氏时，妇女开始将头发挽起束于头顶，称为"髻"。"髻"有"继"的寓意，也有"系"的含义，因此，古代女子梳髻象征成年后嫁人生子来维系家庭的血脉。不过最早女子是以自己的头发互相缠绕成髻，后来才改用丝及彩绢缠发。

商周时期的发髻式样较简单，根据考古发掘出土的文物，商代女子的发式多为发髻，大都将头发梳至头顶，绾成髻，上插发笄。还有一种发髻形式——丫髻，将头发梳在头顶，编结成小髻，因形状像树枝丫杈而得名，多见于未婚女子。

头顶梳一椭
圆形发髻

陕西省神木出土玉人头像（新
石器时代龙山文化）

河南安阳殷墟妇好墓双面玉人（商）

商代有梳双髻的习俗，双面玉人，
一面为男性，一面为女性，都裸体文身，
所梳的发型就是双髻

发笄

发笄是一种固定发髻的头饰。商周时称"笄"，战国以后多称为"簪"，
男女皆可使用，男子用于拴冠，女子则用于固髻，一般以材质区分身份等级。
最初的发笄多用兽骨制成，也有玉笄、竹木笄、金银笄、象牙笄、玻璃笄等。
笄的上端大都雕刻几何、花鸟、虫鱼、飞禽走兽等图案。常见的笄的形状有夔形、
凤形、蛙形等。

骨笄（商）　　　　　　　　发笄使用示意图

笄礼是我国古代汉族女子的成人礼。从周代开始，女子年满 15 岁时，已许嫁者要举行笄礼，即盘发插笄，表示已经成年，可以婚嫁，谓之"及笄"。未许嫁者到 20 岁时要举行笄礼。

图国
典粹
服
饰

周代还出现了假髻，用来插戴各种头饰。春秋时期将假发梳成高髻成为风尚，据《左传·哀公十七年》记载："初，公自城上见己氏之妻发美，使髡之，以为吕姜髢。"髡，剃光。髢就是假发。战国时期，妇女的发髻多高耸而向后倾，

在楚女俑中，还有发髻绾成双鬟或作圆锥形垂于颅后的发式。

秦代宫廷和贵族女子梳的发髻有芙蓉髻、双环望仙髻、凌云髻等。而民间以椎髻和锥髻为主流。椎髻绾于头顶，形状和椎相似，故而得名。汉代女子发

《人物龙凤帛画》
（战国）

帛画呈长方形，画中描绘的贵族女子侧身直立，合手祈祷，她头束高髻，发髻后倾，身着广袖长袍。女子的上前方绘有高颈昂首、尾翎卷翘的凤鸟。

髻的编梳法各式各样，有的推至头顶，有的分在两边，还有的垂至颅后，如堕马髻、螺髻、垂髻、倭堕髻、双环髻、垂髫髻等。

魏晋南北朝时期女子的发式很有特点，名目繁多，有灵蛇髻、蝉鬓、蔽髻、飞天髻、百花髻、芙蓉归云髻等。

蔽髻，是一种插有金银饰品的假髻，在贵族女子中间很流行，晋成公时《蔽髻铭》记载："或造兹髻，南金翠翼，明珠星列，繁华致饰。"命妇的假髻所用饰物有严格的规定，以金钿多少区分等级。蔽髻大多很高，但无法竖起，搭在眉鬓两侧，形成一种雍容华贵的效果，时称"缓鬓倾髻"。而灵蛇髻很特别，富于变化，随着梳绾方法的不同，可以创造出多种造型。当时还流行一种称作"蝉鬓"的发鬓式样。梳时将鬓发抹上发膏，整理成薄片状，紧贴在面颊两旁，因发色黑而薄如蝉翼而得名。

陕西临潼秦始皇陵出土的兵马俑（秦）

椎髻是秦汉时期男子和平民妇女常用的发式，秦始皇陵出土的兵马俑的发式中，就有多种梳法的椎髻

湖南长沙马王堆汉墓出土的假发

《洛神赋图》[局部]
顾恺之（东晋）

图中女神把头发绾成一个或两个环状的发髻，梳法是把头发梳拢至头顶，然后分成一股或两股，发股细长而弯曲，似盘曲的蛇，称为"灵蛇髻"

47

首服

服饰

图国
典粹

历代发鬐的形式各有不同，魏晋时期一般长而细，下垂至颈部；到南北朝时，发鬐面积逐渐扩大；至隋唐时，发鬐朝两颊靠拢，称"两鬐抱面"；宋朝以后，发鬐逐渐收敛，变化也逐渐减少。

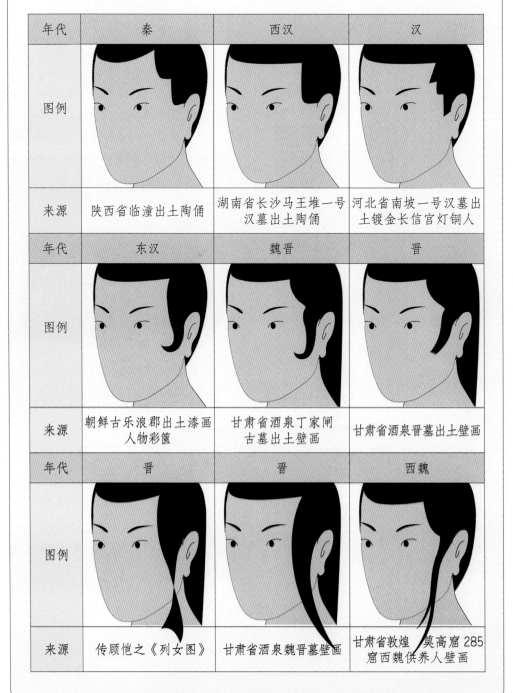

年代	秦	西汉	汉
图例			
来源	陕西省临潼出土陶俑	湖南省长沙马王堆一号汉墓出土陶俑	河北省南坡一号汉墓出土镀金长信宫灯铜人
年代	东汉	魏晋	晋
图例			
来源	朝鲜古乐浪郡出土漆画人物彩箧	甘肃省酒泉丁家闸古墓出土壁画	甘肃省酒泉晋墓出土壁画
年代	晋	晋	西魏
图例			
来源	传顾恺之《列女图》	甘肃省酒泉魏晋墓壁画	甘肃省敦煌 莫高窟 285 窟西魏供养人壁画

灵蛇髻的传说

传说灵蛇髻是曹魏文帝妻甄后所创。据《采兰杂志》记载，甄氏入宫后，发现宫中有一条不伤人的绿蛇，每当甄氏梳妆，绿蛇便在她面前盘结成不同姿态。甄后便模仿蛇盘绕的形状梳成各式发髻，每日不同，深受当时宫中妇女的喜爱。

灵蛇髻

河南省邓县南朝墓出土的画像砖

南北朝时，受佛教影响，出现了飞天髻，这是一种三环高髻。梳时将头发绾至头顶，在头顶将发分成三股，每股用丝带缚住，向上盘卷成环状。此髻流行于南朝宋文帝时期，先在宫中流行，后传入民间，一直流行于宋、明各代。

在中国历代女子发型中，以唐代妇女的发髻式样最为新奇，且名目繁多，如云髻、螺髻、惊鹄髻、高髻、盘桓髻、峨髻、回鹘髻、双环望仙髻、反绾髻、半翻髻、抛家髻、乌蛮髻、花髻等。

宋代妇女的发型以发髻为主，种类繁多，有三髻丫、朝天髻、同心髻、流苏髻等。

甘肃省酒泉丁家闸晋墓出土壁画[局部]【晋】

壁画中所绘的演乐女子，头上梳着多个环状发髻，发髻中抽出一缕发梢，有飞扬之感

明代妇女的发式亦有独特之处，明嘉靖以后，花样增多，有挑心髻、鹅胆心髻、堕马髻、牡丹髻、盘龙髻等。假髻也是明代妇女常用的发式，式样更丰富，一般以铁丝编成，外编以发，戴时罩在发髻上，用簪绾住。假髻有罗汉髻、懒梳头、双飞燕等式样。

清代妇女的发式，分为满、汉两种。清初，满、汉两种发式还各不相同，清中期开始二者相互影响，都发生了明显变化。满族妇女的发式变化较多，典型发式有两把头、如意头、架子头、旗髻等。

汉族妇女的发髻在清初时基本上沿用明代发式。清中期，开始模仿满族宫廷贵妇的发式，以高髻为尚，名目繁多。有把头发梳成两把的叉子头；有垂一绺头发在颅后，修成两个尖角的燕尾式。此外，还流行钵盂头、松鬓扁髻、大盘头、平髻、圆髻、如意髻、苏州髻、扫帚髻、棒槌髻等式样。清末，梳辫逐渐流行，成为中青年女性的主要发式。

《孟蜀宫妓图》中梳鹅胆心髻的女子 唐寅（明）

鹅胆心髻，髻的形状呈长圆形，而且不用花饰

《千秋绝艳图》中梳牡丹髻的女子（明）

牡丹髻，用丝带或发箍将头发绾至头顶，再分成数股，每股上卷至顶心，再用发簪固定。这种发式蓬松，形如牡丹，故名。由牡丹髻还衍生出了芙蓉髻、荷花髻

倭堕髻

倭堕髻是汉代流行的发式之一，由堕马髻演变而来。汉乐府《陌上桑》中就有描述采桑女罗敷"头上倭堕髻，耳中明月珠"的诗句。倭堕髻在梳时将头发在头顶绾成一髻，再从头顶一侧下垂，似堕非堕。在湖南长沙、陕西西安、山东菏泽等地出土的陶俑、木俑中，均可以见到这种发式。这种发式从汉魏至隋唐五代，一直都受到妇女的青睐。

《列女仁智图》[局部] 顾恺之（东晋）

《女史箴图》[局部] 顾恺之（东晋）

汉代的倭堕髻的样式，从东晋的画像资料上仍有所表现，脑后作髻，发尖垂梢

盘桓髻

　　妇女的一种高髻形式。梳时将头发绾至头顶，盘旋成髻，远看层层叠叠。此发髻流行于汉魏，到隋代时十分盛行。

堕马髻

　　堕马髻是汉代各种发髻中最突出的一种，据说是东汉大将军梁冀的妻子孙寿所创。这是一种侧在一边，稍带倾斜的发髻，好像人刚从马上摔下来的姿态，所以取名"堕马髻"。此发型直到清代还有流传。据说此发髻配合愁眉、啼妆、折腰步，能增加女子的妩媚感，在当时的上层社会风靡一时。

螺髻

　　唐代妇女的一种流行发式，因为发髻的外形像螺壳而得名。开始时是一种儿童发式，到了唐代，多为成年女子采用。

彩绘坐部伎乐俑（隋）

《虢国夫人游春图》中梳堕马髻的女子张萱（唐）

陕西省乾县永泰公主墓出土壁画［局部］（唐）

惊鹄髻

　　唐代妇女盛行的一种高髻形式，是将头发梳于头顶，在头顶左右各梳一形状像翅膀的发髻，仿佛鹄鸟受惊时展翅欲飞的样子。

梳惊鹄髻的陶俑（唐）

峨髻

　　唐代妇女的一种高髻，因髻的形状像陡峭的山峰而得名。流行于中晚唐，唐代周昉的《簪花仕女图》中的人物梳的就是峨髻。

《簪花仕女图》[局部] 周昉（唐）

半翻髻

　　其形状像翻卷的荷叶，梳时将头发自下而上掠至头顶，形状高耸并向一侧倾斜，是流行于初唐的一种发式。

梳半翻髻的陶俑（唐）

回鹘髻

　　回鹘是古代西北地区的少数民族，是维吾尔族的前身。这种发型在唐代皇室及贵族间曾广为流行，到开元、天宝时期以后才比较少见。梳时集发于顶，编成圆髻，髻根以红色绸绢系扎。

《簪花仕女图》[局部] 周昉（唐）

反绾髻

　　一种妇女发髻。梳时将头发在颅后绾成一髻，然后由下往上反绾于头顶，这种发髻在唐代很流行。

双环望仙髻

　　妇女的一种高髻。将头发从正中分开，分成左右两股，在底部各扎一结，然后将头发弯曲成环状，发梢编入耳后头发内。此发式在隋唐时期较为流行，多见于年轻女子。

三角髻

　　此髻由三个发髻组成，梳绾时将头发分为四组，前额部分编为一髻，左右两侧各梳一髻，垂于耳际，颅后之发垂于背后。

梳反绾髻的陶俑（唐）

梳三角髻的陶俑（唐）

彩绘梳双环望仙髻女立俑（唐）

乌蛮髻

　　"乌蛮"是唐代人对南方少数民族的称谓，唐代妇女在南方妇女的椎髻的基础上进行了一番改造，梳时将头发绾在头顶，绾成髻后朝前额的方向固定。此发髻一般多用于家居的妇人。

梳乌蛮髻的唐三彩女俑（唐）

花髻

　　花髻是一种高耸的发髻，髻上簪各式鲜花作为头饰。这种发髻体现了唐代的簪花风尚，李白的《宫中行乐词》有"山花插宝髻"的诗句。唐代画家周昉的《簪花仕女图》中描绘了花髻式样，图中的五位仕女，身披轻纱，发髻高耸，髻上簪有各式花朵，雍容华贵。

抛家髻

　　中晚唐时期普通妇女流行的一种发式。特点是两鬓抱面，一髻抛出。也可说是盛唐后期流行的发式中较为著名的一种。

《簪花仕女图》[局部] 周昉（唐）

梳抛家髻的陶俑（唐）

三髻丫

梳三髻于头顶，发式活泼，为少女喜爱。南宋范成大的《夔州竹枝歌》中就描写了这种髻式"白头老媪簪红花，黑头女娘三髻丫"。

朝天髻

朝天髻是宋代典型的发式之一，也是一种沿袭前代的高髻。梳时把假发掺杂在真发内，将头发在头顶分为两束，绾成两个圆柱，由后朝前伸出。

三髻丫

朝天髻

流苏髻

一种高髻，是将头发在头顶编绾成髻，在髻的底部用带系扎，带梢下垂于肩，行走时摇曳飘动，并以珠翠装饰。

《听阮图》[局部] 李嵩（南宋）

《半闲秋兴图》中的贵妇（宋）

髡发

中国北方契丹族、女真族男子发式的共同特点是剃发，也称"髡发"，将头顶中央的头发剔去，只留两鬓及前额少量头发，两鬓头发或披散，或修理成各种形状，然后下垂到肩部。

髡发

顶梳椎髻

契丹、女真族妇女的特有发式为顶梳椎髻，又称为"辫发盘髻"。成年妇女先是把头发梳成辫子，再盘环于头顶，髻上可裹头巾或装饰花环冠子。年轻女孩的发式是梳两条长辫，长辫交叉盘向前额上端，用发带系扎在一起。

顶梳椎髻

《文姬归汉图》陈居中（南宋）

两把头

将头发左右平分，各扎一把，绾成髻，再将后面余发绾成燕尾式扁长髻，压于后颈部。梳这种发式的多为宫廷贵妇。普通的满族妇女多梳如意头，在头顶两侧各梳一个平髻，形似如意。

一字髻

满族妇女后来受汉族妇女发式的影响，出现了一字髻，俗称"一字头"。梳时将头发在头顶分为左右两股，梳成扁平状发髻，在上面插上扁方、玉簪等装饰物，颅后的头发则向下梳理成燕尾状。

《清孝贞显皇后常服像》中梳一字髻的贵族妇女

梳"两把头"发式的满族少女

图中女子所梳的两把头，在发髻顶部插戴着花朵和扁方，脑后的头发梳成燕尾式扁髻。

扁方

扁方是清代满族妇女特有的首饰，是用来固定满族妇女的"两把头"发式的。扁方呈扁平状，通常以金、银、玉、玳瑁、沉香木等材料制成，上面镶嵌珠玉且刻各种花纹，使用时插于发髻之中。

银鎏金如意镶碧玺扁方（清）

梳旗髻的清代满族贵妇

旗髻

俗称"大拉翅",清末流行的一种发式,从一字髻演变而来。先用黑色的缎、绒或纱制成一个牌楼式假髻,其上用扁方、簪、钗等金银首饰和绢花装饰,使用时直接戴在头上,不用时摘下搁置一边。

钵盂头

明末清初的汉族妇女发式,一种高大的发髻,因形状与倒扣的钵盂相似而得名。梳时将头发绾至头顶,盘成一髻,根部以带系扎。

梳钵盂头的女子

松鬓扁髻

明末清初时流行的发式,松鬓扁髻又称"扁髻",梳时将两鬓、前额的头发都向上梳起,在左右两边编成扁髻,发际部分蓬松而高卷,给人以庄重、高雅之感。

苏州髻

流行于清代中晚期,是一种形状高撅的长髻。梳时将头发在头顶编成发髻,然后从颅后伸出,并且使其翘起,此髻始从苏州传至各地,因此而得名。

苏州髻

梳松鬓扁髻的女子

 首服

59

圆髻

清代妇女发式，形状和大盘头相似，只是颅后头发盘旋成一个球状发髻，周围用簪钗固定。

《吴友如画宝》中梳圆髻的清代妇女

扫帚髻

清代宁波一带妇女所梳的一种发型，是将头发绾起后，在颅后梳成一个宽大扁平的发髻，这种发髻在当时算是十分夸张前卫的。

扫帚髻

大盘头

清代妇女的发式，将头发梳成一束绾至颅后，盘旋成扁圆形的发髻，形似大圆盘。

大盘头

中国古代面部的妆饰，一般施用于妇女。商周时期已经形成在面部进行妆饰的习俗，至隋唐五代时尤为盛行。

面部妆饰常见的手法包括画眉、敷妆粉、涂脂、点面靥、染额黄、描斜红、贴花钿、涂唇脂等名目。使用的材料包括妆粉、胭脂、石黛等。妆粉是用米粉和铅粉制作的改善面部肤色的化妆品；石黛是一种用来画眉的青黑色颜料；胭脂则是把一种叫"焉支"的植物中提取的红色液体与动物膏脂混合制成。

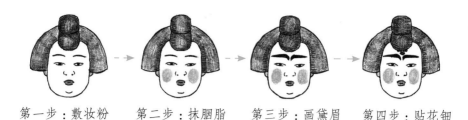

第一步：敷妆粉　　第二步：抹胭脂　　第三步：画黛眉　　第四步：贴花钿

第七步：涂唇脂　　第六步：描斜红　　第五步：点面靥

面妆的基本步骤

　　面妆的基本步骤一般为：1.敷妆粉；2.抹胭脂；3.画黛眉；4.贴花钿；5.点面靥；6.描斜红；7.涂唇脂。其中部分习俗一直沿用至今，如画眉、点唇等。

◆ 敷妆粉

　　中国历代不同时期的审美习惯使面妆的种类异彩纷呈，如汉代的白妆，魏时的斜红妆，唐代艳丽的桃花妆、酒晕妆，宋代素雅的薄妆等。然而各个时代的化妆习俗虽然不尽相同，但基本上都以肤白为美。

唐代白妆仕女绢人

白妆

　　妇女的一种面部妆饰。汉族妇女一直是以肤白为美，这种妆饰就是以白粉敷满脸部，两颊不施胭脂，多用于宫中妇女。另外也指民间妇女守孝时的一种妆饰。

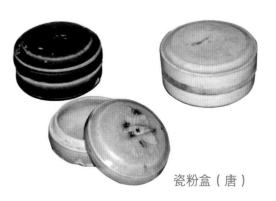

瓷粉盒（唐）

61

桃花妆

　　流行于隋唐时期的一种面妆，明清时期仍有这种妆饰。其做法是先在面部敷白粉，再将胭脂在手掌中调匀后涂抹在两颊，胭脂涂抹得淡的称为"桃花妆"。

《调琴啜茗图》里画桃花妆的仕女　周昉（唐）

酒晕妆

　　酒晕妆和桃花妆类似，区别只在于胭脂涂抹的浓淡程度。因两颊胭脂浓艳，好像饮酒后脸颊上泛起了红晕，因而被称为"酒晕妆"。

《侍女图》中画酒晕妆的仕女（唐）

飞霞妆

　　流行于唐宋时期的一种面部妆饰，多用于少妇。施妆时先以白粉覆面，再将胭脂涂抹在两颊（此时为桃花妆或酒晕妆），最后在胭脂上再铺上一层白粉，使妆容呈现出淡淡的浅红色。

《捣练图》中画飞霞妆的仕女　张萱（唐）

图国
典粹

服
饰

檀晕妆

一种素雅的妇女面部妆饰，流行于宋代。先以铅粉打底，再在两颊敷以檀粉（以铅粉和胭脂调和），使面颊中间微红，逐渐向四周晕染。

碎妆

流行于后周宫廷的一种妇女妆饰，因面颊上贴满由五色云母制成的各种花钿，造成一种支离破碎的感觉而得名。

《孟蜀宫妓图》中画檀晕妆的女子　唐寅（明）

画碎妆的女供养人像（五代）

首服

薄妆

　　流行于宋元时期的一种淡妆。当时的妇女因受理教的束缚，大多摈弃了唐代的那种浓艳的妆容，转而崇尚素雅、浅淡的妆饰，只在脸上施以浅淡的朱粉，透出微红。

《杜秋娘图》里画薄妆的女子　周朗（元）

晓霞妆

　　晓霞妆是一种将胭脂描绘在鬓眉之间的面妆。相传魏文帝曹丕宫中有一宫女叫薛夜来，文帝对她十分宠爱。一天夜里，文帝在灯下读书，四周有水晶制成的屏风，薛夜来走近时没有觉察，一头撞上屏风，顿时鲜血直流，伤愈后留下两道伤疤，但文帝对她仍宠爱有加，其他宫女便纷纷模仿她的样子，用色泽鲜红的胭脂在鬓眉之间画上这种血痕（斜红）。其形状多样，有的是月牙状，有的如残破滴血状，有的则作卷曲花纹状，被称为"晓霞妆"，形容其像晓霞将散。

《胡服美人图》里画晓霞妆的女子（唐）

玉靥

　　出现于宋代的一种花钿，用珠翠珍宝制成，多数是宫廷后妃的面妆。

《宋仁宗皇后像》（宋）

额黄妆

　　额黄妆是一种古老的面妆，起源于汉代，流行于六朝时期，因以黄色颜料染画于额间而得名。

　　宋仁宗皇后就是在眉额脸颊间贴有用珍珠做成的面靥

花钿的样式

花钿是一种饰于额头眉间的额饰，在秦朝时已开始使用。将硬纸或金箔剪成花样，用一种特制的胶水将其粘贴在额上，卸妆时用热水一敷便能揭下，十分方便。

样式	出处	样式	出处
	敦煌莫高窟 192 窟壁画		西安出土唐三彩俑
	唐代张萱《捣练图》		唐人《桃花仕女图》
	吐鲁番出土绢画		吐鲁番出土绢画
	吐鲁番出土绢画		敦煌莫高窟 454 窟壁画
	唐人《弈棋仕女图》		敦煌莫高窟 121 窟壁画
	唐人《弈棋仕女图》		吐鲁番出土泥头木身俑
	吐鲁番出土泥头木身俑		唐人《桃花仕女图》
	吐鲁番出土木俑		敦煌莫高窟 427 窟壁画

◆ 画眉

画眉是指以石黛等材料涂染眉毛，以修饰和改变眉形的化妆术。

早在战国时期，画眉就已经出现，及至秦代已相当普及。到了两汉时期，上承先秦列国之俗，下开魏晋隋唐之风，出现了画眉史上的第一个高潮。至隋朝时，因隋炀帝喜好长眉，从波斯进口大批昂贵的螺黛，日供五斛仍不能满足后宫的需要，形成画眉史上的第二个高潮。到了唐代，妇女画眉已成习尚，唐玄宗更命画工描绘包括分梢眉、倒晕眉等在内的《十眉图》，这一时期，是画眉史上的第三次高潮。继唐代之后，画眉之风依然广为流行，直到现代，仍为广大妇女所喜爱。

依据各个时期的不同审美，各代的画眉喜好也各不相同。秦汉时期崇尚长眉，直到隋代，这种纤细修长的眉式依然深受妇女喜爱。唐代妇女眉形偏好浓艳。宋代眉形趋于清秀。元代后妃眉形一律都为一字眉，这也是蒙古贵妇特有的妆饰。及至明清时期，妇女崇尚秀美，眉形大都纤细弯曲，长短深浅等变化日益减少。

唐代女子画眉样式

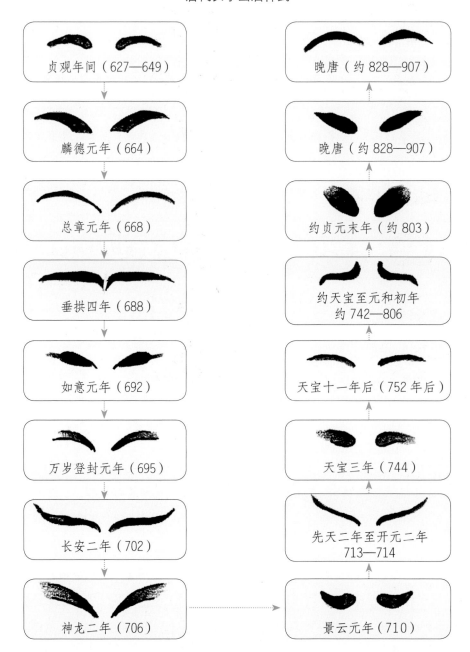

贞观年间（627—649）

麟德元年（664）

总章元年（668）

垂拱四年（688）

如意元年（692）

万岁登封元年（695）

长安二年（702）

神龙二年（706）

晚唐（约 828—907）

晚唐（约 828—907）

约贞元末年（约 803）

约天宝至元和初年
约 742—806

天宝十一年后（752 年后）

天宝三年（744）

先天二年至开元二年
713—714

景云元年（710）

柳叶眉

柳叶眉和蛾眉一样属于细长的眉形样式，因其形状为中间宽阔，两头尖细，类似柳叶而得名。这种眉式历代女性均有采用，尤其在隋唐五代时期最为盛行。

《宫中图》中画柳叶眉的女子　周文艳（五代）

愁眉

流行于东汉后期的一种妇女眉式，相传为东汉大将军梁冀的妻子孙寿所创。其形状细长而弯曲，眉头紧锁，两梢下垂，形似哭泣。东汉以后这种眉形逐渐少见。

《嫦娥执桂图》中画愁眉的女子　唐寅（明）

八字眉

八字眉又称为"鸳鸯眉"，是汉代和唐代宫女流行的一种画眉样式，因其眉头形状倒竖，呈现八字形而得名。这种眉形在唐代尤为盛行。

《宫乐图》中画八字眉的女子（唐）

分梢眉

流行于唐代的一种妇女眉式，形状为内端尖细，而外端宽阔且向上翘，并且在眉梢画出分梢状。

《舞乐图》中画分梢眉的女子（唐）

倒晕眉

　　流行于唐宋时期的一种妇女眉式。画时用石黛浅浅地染晕双眉，让眉毛下面呈现柔和的晕状。在《历代帝后像》中就有许多画有这种眉式的妇女形象。

《宋仁宗皇后像》中画倒晕眉的侍女（宋）

却月眉

　　盛行于唐代的一种妇女眉式，因其眉形宽阔弯曲，形状像一轮新月而得名，通常用的石黛颜色比较浓重。

却月眉

阔眉

　　一种眉形宽阔的画眉样式，出现于西汉时期，盛行于唐代，因其眉形比正常的眉毛宽出数倍而得名。

《弈棋仕女图》中画阔眉的女子（唐）

出茧眉

　　一种眉形短阔的妇女画眉样式，因其形状像出茧的春蚕而得名。

《弈棋仕女图》中画出茧眉的女子（唐）

桂叶眉

　　流行于中晚唐时期的一种妇女眉式，因其形状短而宽阔，像桂树的叶子而得名。《簪花仕女图》中的妇女画的就是这种眉形。

《簪花仕女图》中画桂叶眉的仕女　周昉（唐）

一字宫眉

　　流行于元代后宫的一种妇女眉形，其形状直而长，呈水平状，《元世祖后像》中所绘的皇后画的就是这种眉形。

《元世祖后像》中画一字宫眉的皇后（元）

蛾眉

　　一种弯曲而细长的画眉样式，秦汉时期就已经出现，因为其形状和蚕蛾的触须相似而得名。这种眉式历代都有流行，后来还演变成对美女的代称。

《罗浮梦景图》中画蛾眉的女子 费丹旭（清）

◆ 点唇

点唇是指以唇脂点染嘴唇，以修饰和改变唇形的化妆术。

早在先秦时期，就已经出现崇尚妇女嘴唇美的现象。最迟不晚于汉代，点唇的习俗已经形成，且历代盛行不衰。根据点唇的手法、形状和色彩等不同，出现了名目繁多的种类，尤其以唐代的唇样最为丰富多彩。中国妇女的点唇样式，一般以娇小浓艳为尚，最理想、最美观的嘴型就是像樱桃那般娇小、鲜艳，俗称"樱桃小口"。为达到这种效果，妇女在涂抹妆粉时，常将原来的嘴唇一并抹上，然后再以唇脂重新点画出嘴唇。

古代点唇式样

汉代唇式。汉代流行小巧的唇式。常见的唇型是以唇彩点染唇心，上窄下宽呈梯形的唇样。

魏朝唇式。流行小巧浓艳的唇式。通常在嘴唇内再描绘出较小的唇形，体现出以小唇为美的审美观。

唐代唇式。有燕脂晕品、石榴娇、大红春、小红春、嫩吴香、半边娇、万金红、圣檀心、露珠儿、内家圆、天公巧、洛儿般、淡红心、腥腥晕、小朱龙、格双唐、眉花奴等多种样式。这些唇式基本上袭承了以小为美的习俗，大都形状较小，色彩浓艳。

宋代唇式。通常是在嘴唇中心描绘出较小的椭圆形，也属于娇小的唇形。

明代唇式。通常在嘴唇内廓中再绘制较小的唇形，和历代的唇型相比较为自然。

清代唇式。唇式变化较为繁复，有的将上唇涂满，下唇描绘成娇小的花瓣状；有的在上下嘴唇中部都描绘出花瓣的形状。总体来讲，唇式都是以"樱桃小嘴"为美的标准。

汉　湖南长沙马王堆一号汉墓出土木俑

魏　朝鲜安岳高句丽壁画

唐　新疆吐鲁番出土唐代绢画

唐　新疆吐鲁番出土木俑

唐　唐人《弈棋仕女图》

宋　山西晋祠圣母殿彩塑

明　明代陈洪绶《夔龙补衮图》

清　故宫博物院藏清代帝后像

清　清无款人物堂幅

二

上装

　　本章所介绍的上装，不仅包括"上衣下裳"分体式穿着方式中的上衣，也包括上下连属式的衣服，如深衣、袍服等。古时的人们穿衣非常讲究，并且有着严格的礼制规定，不同的场合和身份，着装也有所区别。如皇帝、后妃、公卿参加祭祀典礼时穿祭服，文武百官参加朝会时穿朝服，官吏处理公务时穿公服，无论帝王百官还是平民百姓居家时都穿便服，区别只是款式、面料不同。

祭服

祭服是中国古代服饰中最隆重、最庄严的服饰，是用于祭祀活动的礼服。古人把祭祀视作"国家大事"，列为五礼之首。

◆ 帝王、公卿的祭服

古时，祭礼有轻重之分，名目繁多，所以祭服在形制上也有繁简之差。地位越高的人，参加的祭礼越多，祭服越繁缛。周代，衣冠服饰制度逐渐完善，专设有"司服"的官职，上至天子，下至群臣，参加各种礼仪活动，所穿的服饰皆有定制，如祭祀有祭服，朝会有朝服，处理公务有公服，服丧有丧服，等等。据《周礼·春官宗伯》记载："司服掌王之吉、凶衣服，辨其名物与其用事。王之吉服，祀昊天上帝，则服大裘而冕；祀五帝，亦如之。享先王，则衮冕；

享先公、飨、射，则鷩冕；祀四望山川，则毳冕；祭社稷五祀，则希冕；祭群小祀，则玄冕。……公之服，自衮冕而下，如王之服。侯伯之服，自鷩冕而下，如公之服。子男之服，自毳冕而下，如侯伯之服。孤之服，自絺冕而下，如子男之服。卿大夫之服，自玄冕而下，如孤之服。其凶服，加以大功、小功。士之服，自皮弁而下，如大夫之服。其凶服，亦如之。其齐服，有玄端、素端。"

按照周代的礼仪规定，天子、公卿、士大夫参加祭祀，必须身着冕服，头戴冕冠。冕服均为玄衣纁裳，以图案和冕旒的数目不同来区分身份等级。如帝王的冕服，上为玄衣，下为纁裳，衣裳上绘绣十二章纹，冕旒为十二旒。帝王在最隆重的场合穿绘绣十二章纹的冕服，其他场合递减章纹、冕旒的数目。公卿、侯伯随帝王参加祭祀，冕服上的章纹和

古代"五礼"

古代"五礼"，即吉礼、凶礼、军礼、宾礼、嘉礼。

吉礼：祭祀之礼，主要是对天神、地祇、人鬼的祭祀典礼。

凶礼：丧葬之礼，对于亡者治丧，以及对天灾人祸的哀悼都属于此。

军礼：战事之礼，包括田猎、校阅、献俘、出师等。

宾礼：朝见、聘问和会盟之礼。

嘉礼：喜庆之礼，包括冠笄、婚嫁、飨燕和亲朋之间的庆贺活动等。

冕旒随帝王所用章纹和冕旒多少而递减，
如帝王用十二章纹，公卿用九章、九旒，
侯伯用七章、七旒。

冕板 ⋯⋯⋯⋯⋯

通天冠 ⋯⋯⋯⋯

黑介帻、附蝉 ⋯⋯⋯

冕旒 ⋯⋯⋯⋯

月纹 ⋯⋯⋯⋯

大带 ⋯⋯⋯⋯

革带 ⋯⋯⋯⋯

疑火纹 ⋯⋯⋯

星辰纹 ⋯⋯⋯

山纹 ⋯⋯⋯⋯

黻纹 ⋯⋯⋯⋯

日纹 ⋯⋯⋯⋯

曲领 ⋯⋯⋯⋯

玉具剑 ⋯⋯⋯

疑黼纹 ⋯⋯⋯

蔽膝 ⋯⋯⋯⋯

舄 ⋯⋯⋯⋯

《历代帝王像》中的晋武王冕服像

龙　星辰　月　　　　　交领　日　大带

山

华虫

袖子

粉米

黼

上衣

宗彝

藻

火

黼

裳

汉代皇帝冕服

玄衣纁裳

　　古代用于祭祀的一种礼服，古代人们认为天玄地黄，所以上衣为赤黑色，下裳为赤绛色而微黄，衣裳皆绣有不同章纹，用以区别尊卑等级。玄衣纁裳的服制始于商周，明朝灭亡后，便不复存在。其间的多种变化，均体现在章纹和色彩上的改动。

大带

　　礼服中用来束腰的带，用丝织成。腰带系扎后，下垂部分称为"绅"，下垂的长短表示个人尊卑等级的不同。

古代天子的冕服上绘绣十二种纹样，称"十二章纹"。衣上绘日、月、星辰、山、龙、华虫，称"上六章"；裳上绣宗彝、藻、火、粉米、黼、黻，称"下六章"。

日

太阳图案，绣于上衣的左肩处，与右肩的月亮相对，取光明照耀之意。

月

月亮图案，绣于礼服的右肩，与日相对，取光明照耀之意。

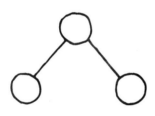

星辰

星象图案，通常用北斗七星，绣于日、月图案之下，或绣于后背，取光明照临之意。

山

山石图案，绣在上衣，隐喻稳重、镇定。

龙

双龙纹样，一只龙向上，另一只龙向下。取龙应变之意。

华虫

雉图案，因色彩鲜艳，纹章华丽而得名。表示穿用者有文章之德。

宗彝

　　祭器图纹，通常左右各一个，形成一对，器物表面常以虎、蜼为图饰，相传虎威猛，而蜼智孝，取其忠孝之意。

藻

　　水草纹，常位于下裳，取其纯净、有文采之意。

火

　　火焰图案，取其光明之意。

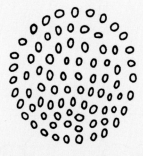

粉米

　　米点状的白色花纹，取其滋养化育之意。

黼

　　斧形纹样，用色斧刃为半白，斧身为半黑，取其决断是非之意。

黻

　　两"己"相背的纹样，用色为半青、半黑相间，取其明辨之意。

冕服有六种形制：大裘冕、衮冕、鷩冕、毳冕、絺冕、玄冕，合称"六冕"，又称"六服"。从周代至唐宋，天子、公卿、士大夫皆穿冕服，以衣裳上的纹样、冠冕上的冕旒区别身份。到了明代，冕服才成为帝王的专属。冕服作为传统的礼服，世代沿用，不断有所变革，但基本形制未变，直到清代，冕服制度才被废止。

大裘冕

大裘冕又称"裘冕""大裘"。帝王及公侯祭天之礼服，由冕冠、衣裳、羔裘、蔽膝、大带、佩绶等组成。隋唐时效仿周礼，以此服用于祭祀。宋代承袭了这种衣制，因夏季穿裘不合时令，则以其他材料代替。宋代以后其制不存。

帝王的冕冠上不用垂旒

上衣用玄色，下裳用纁色，代表天地

衣裳上绘绣有12种纹样，称"十二章"。上衣绘日、月、星辰、山、龙、华虫六章花纹，下裳绣宗彝、藻、火、粉米、黼、黻六章花纹

《新定三礼图》中的大裘冕　聂崇义（宋）

衮冕

帝王祭祀先王时穿的礼服，也用作公礼服。衮冕由冕冠、冕服、蔽膝、大带、佩绶等组成。衮冕所用的龙纹有讲究，天子的衮冕绣升龙，公的衮服绣降龙。后世所说的"衮龙服""衮龙衣""龙衮"等，均指绣有升龙的冕服。

帝王冕冠前后各用十二旒，每旒用十二珠

上衣画山、龙、华虫、宗彝、藻五章；下裳绣火、粉米、黼、黻四章

《新定三礼图》中的衮冕　聂崇义（宋）

77

鷩冕

帝王及公侯祭祀先公，行飨、射典礼时穿的礼服。因为所绘绣的纹样以华虫为首，华虫即雉鸟，古时称"鷩"，故称其服为"鷩冕"。

毳冕

帝王及公侯遥祀山川时穿的礼服。

帝王冕冠用七旒，每旒用七珠

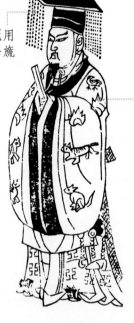

帝王冕冠用七旒，每旒用九珠。

上衣绘华虫、宗彝、藻三章；下裳绣火、粉米、黼、黻四章

《新定三礼图》中的鷩冕 聂崇义（宋）

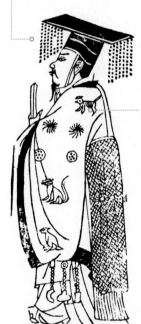

上衣绘宗彝、藻、粉米三章；下裳绣黼、黻二章

《新定三礼图》中的毳冕 聂崇义（宋）

冕服制度发展简史

夏商，冕服即已存在。

周代，在夏商冕服的基础上发展出较为完备的章服制度，并成为后世的典范。

秦代，冕服制度一度被废止，只留一种黑色祭服，称为"祄玄"。

汉代，东汉明帝即位后，下诏重新实行冕服制度。

魏晋南北朝，所用祭服承袭东汉冕服制度，直到北周时，将皇帝冕服从六种增加到十种。

隋代，冕服制承接汉魏，并增加了大裘冕制。

唐代，因袭隋代遗制，但大裘冕被废，各种祭祀普遍采用衮服。

宋代，三番五次颁订服制，并进行修改，冠服制度最为繁缛，祭服占比重很大。

明代，只采用衮服，冕服成为皇室的专属。

清代，传统的祭服制度只有十二章纹被保留下来，运用到皇帝的服装之中。

绨冕

　　帝王及公侯祭祀五谷之神及五帝时穿用的礼服。

玄冕

　　帝王及公侯在一般的小祀时穿用的礼服。

帝王冕冠用五旒

上衣绘粉米一章；下裳绣黼、黻二章

帝王冕冠用三旒

上衣无章，裳用黻纹一章

《新定三礼图》中的绨冕　聂崇义（宋）　　《新定三礼图》中的玄冕　聂崇义（宋）

衮龙服

　　衮龙服，也称"衮龙衣"，是古代帝王所穿的冕服。圆领，黄色袍服，绣有龙纹，穿时配翼善冠。最初，衮龙服并非黄色，皇帝穿黄袍始于隋文帝；唐高祖武德年间，令臣民不得僭服黄色，黄袍成为皇室专用之服。

明太祖朱元璋像

上装

79

◆ 后妃、命妇的祭服

根据周礼，后妃随帝王参加祭祀、册封、朝会等典礼，王有六服，后有六衣。据《周礼·天官·内司服》载："掌王后之六服：袆衣、揄狄、阙狄、鞠衣、缘衣、素纱。"袆衣、揄狄（揄翟）、阙狄（阙翟）为后妃、命妇的祭服，因为三种服装均绘绣翟（通"狄"）鸟纹，故统称"翟衣"，又称"三翟"。翟衣以黑色纱縠制成，衣内衬有白色纱里，即素纱。与翟衣相配用的有大带、蔽膝及舄等。至明代灭亡后，翟衣制度被废。

袆衣

王后、命妇所穿着的祭服。位居于诸服之首，相当于帝王的冕服，跟随帝王祭祀先祖时的穿着。衣服整体采用上下连属的袍制，传递出女德专一的寓意，颜色为黑，剪帛为翟形，上施彩绘，当作纹饰缝在衣上。夹里衬以白色纱縠，以衬托衣纹的色彩。袆衣始于商周，入清后逐渐被废止。

揄狄

王后、命妇所穿着的祭服。王后穿其以祭祀先公，仅次于袆衣。其形制为袍制，面料用青色，夹里用白色，因衣上有翟鸟纹，故名。

《新定三礼图》中的袆衣　聂崇义（宋）

《新定三礼图》中的揄狄　聂崇义（宋）

阙翟

　　王后、命妇所穿着的祭服。列位于
袆衣、揄狄之下，小祀时穿用。上至后妃，
下至士妻，均可穿着。其形制采用袍制，
面料用赤色，夹里用白色，因衣上有翟
鸟纹，故名。

《新定三礼图》中的阙翟　聂崇义（宋）

《宋仁宗皇后像》[局部]（宋）

　　宋仁宗皇后所穿的是翟衣礼服，深
青色地，衣上织翟纹

宵衣

　　一指用黑纱绢做成的祭服。流行于
周代，通常为男子所穿，但是妇女助祭
时也可以穿着，一般罩在狐青裘上，不
加纹彩。汉郑玄注："绡，绮属也，染之
以玄，于狐青裘相宜。"一指质地轻薄的
衣服，以各色绢、纱等织物制成。《太平
广记》卷六十八辑《灵怪集》载："其衬
体轻红绡衣，似小香囊，气盈一室。"

《新定三礼图》中的宵衣　聂崇义（宋）

朝服

朝服，也作"朝衣"，又称"具服"，是古时帝王、百官及后妃、命妇参加朝会时所穿的礼服，在举行祭神、宗庙及亲蚕之礼时也可以穿用，但主要是坐朝议政之服，由祭服演变而来。

◆ 帝王、百官的朝服

皮弁服是中国历史上最早的朝服，

皮弁服

天子视朝之服，也用于郊天、巡牲、朝宾射礼等场合。诸侯觐见帝王或参加视朔、田猎等活动时，也可以穿用皮弁服。首服为皮弁，采用白鹿皮制成，上衣为细布白衣，下穿素裳。因衣裳朴素无纹，所以在皮弁上装饰玉石，以玉色、数量区分身份、等级。

据《周礼·春宫·司服》载："视朝，则皮弁服。"这种服饰形制始于商周，沿用至明代。

春秋战国时期的朝服，多用黑色布帛制成，称为"玄端"，与委貌冠相配套，又称"委貌服"。西汉时期的朝会之服也用黑色，称为"皂衣"。

东汉，上至帝王，下至小吏，皆以袍作为朝服。在《后汉书·舆服志》中

《新定三礼图》中的皮弁服　聂崇义（宋）

缁衣

一种用黑色帛制成的朝服。卿士退朝后，回到自己的府邸，若要会见比自己身份低的人，不必穿皮弁服，而是换上缁衣。《诗·郑风·缁衣》载："缁衣之宜兮，敝予又改为兮。"毛传注释："缁，黑也，卿士听朝之正服也。"

有明确的记载："乘舆（即皇帝）所常服，服衣，深衣制；有袍，随五时色。……今下至贱更小吏，皆通制袍……"此时的袍服为上衣下裳不分的深衣制，因所用质料多为绛纱，故称"绛纱袍"。帝王、百官穿袍服时，还要腰系大带、革带，佩绶、佩玉等。东汉的朝服制度，历经三国、晋南北朝、隋、唐、五代，一直沿用至宋、明。

玄端

一种以黑色布帛制成的朝服，形制端庄周正，故名。《礼记·玉藻》中有"朝元（玄）端"的记载，早朝为大礼，要用玄端朝服。《春秋谷梁传·僖公三年》载："阳谷之会，桓公委端搢笏而朝诸侯。"晋范宁注："委，委貌之冠也。端，玄端之服。"玄端与委貌冠配套使用，所以"委端"成为朝服的代名词。

《新定三礼图》中的士玄端服　聂崇义（宋）

簪白笔

古时官吏为奏事方便，常将毛笔戴于耳边发际，以备随时取用。到了汉代，形成制度，御史或文官上朝时，要在冠下簪戴毛笔，笔杆末端削尖，笔尖不蘸墨汁，纯为装饰，以白笔作簪用，故名"簪白笔"。山东省沂南东汉画像石墓前室壁上就绘有簪白笔的官吏形象。唐代沿用此制，专用于七品以上的官吏。宋代稍有改制，削竹为笔杆，裹以绯罗，以黄丝为毫，将笔插立于冠顶，称"立笔"，文武官员皆可簪戴。

簪笔奏事的官吏石刻像（选自《古代服饰研究》沈从文著）

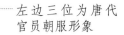

左边三位为唐代
官员朝服形象

《礼宾图》（唐）

　　头戴漆纱笼冠、穿大袖礼服的文吏

唐三彩文吏俑（唐）

　　唐代的官吏朝服，承袭隋代遗制，在一些重要场合，如祭祀典礼、朝会时所穿的礼服形制为：头戴介帻或笼冠，身穿对襟大袖衫，下佩围裳，玉佩、组绶一应俱全。在大袖衫外加着裲裆

《女孝经图》中着朝服的皇太子（南宋）

宋代皇帝朝服

　　宋代的皇帝在大朝会、大册命等重大典礼时穿着的服饰，仅次于冕服，相当于群臣百官的朝服。帝王戴通天冠，用二十四梁，穿绛纱袍，衬里用红色，领、袖、襟、裾均滚黑边。下着绛色纱裙及蔽膝。颈项下垂白罗方心曲领一个，腰束金玉大带，足穿白袜、黑舄，另挂佩绶。皇子在大典礼时也穿这种服装，戴远游冠，用十八梁。

绛纱袍

　　深红色纱袍，又称"朱纱袍"。常用作帝王、百官朝会之服。交领大袖，下长及膝，领、袖、襟、裾等皆滚以黑边。通常与白纱冠、白纱中单（内衣）、白裙襦、绛纱蔽膝、白袜、黑舄等配用。

颈项下垂白罗方心曲领，做成项圈下垂方锁状，附在外衣胸前

纱袍用绛色

衬里用红色

下着纱裙及蔽膝，也用绛色

领、袖、襟、裾均滚黑边

绛纱袍

方心曲领

　　古代官服的一种领式，汉代已出现，为了使朝服更加熨贴，为内衣胸前衬的半圆硬领，名"曲领"，免得内衣衣领拥起。唐代出现"方心曲领"一词，并戴在衣外。官员佩方心曲领一直沿用至明末。

范仲淹像（明人绘）

严嵩像（清人绘）

　　范仲淹头戴貂蝉笼巾、佩方心曲领，身穿朝服

　　严嵩头戴梁冠、佩方心曲领，身穿朝服

中单

　　中单也称"中禅"。一指穿在朝服或祭服内的衬衣，起初叫作"中衣"，自唐之后逐渐简化，腰部无接缝，下部不分幅。唐颜师古注："禅衣，至若今之朝服中禅也。"一指一般内衣，五代马缟《中华古今注》卷中载："汗衫，盖三代之衬衣也。《礼》曰中单。汉高祖与楚交战，归帐中，汗透，遂改名汗衫。"

中单

国粹图典

服饰

佩，指佩戴于身的玉饰，如大佩、组佩等；绶，指用来悬挂印、玉佩的丝带。以佩绶区分尊卑是我国古代服饰制度的显著特征。佩绶在先秦时就已出现，作为一种官服制度自汉以后流传下来，但绶带的色彩规格时有变化。到了清代，这种佩绶制度不再使用，取而代之的是清代的顶带制度。

组绶

组，是一种用丝编制的带子，可用来束腰；绶，用来系挂玉佩或印纽，用颜色来区分身份等级。《礼记·玉藻》载："……君子于玉比德焉。天子佩白玉而玄组绶，公侯佩山玄玉而朱组绶，大夫佩水苍玉而纯组绶，世子佩瑜玉而綦织绶……"绶有紫、青、红、绿、黑、黄等色。

组绶

印绶

指系缚在印纽上的彩色丝带，一般打成回环。印绶的颜色和长度都有具体的规定，用来区分身份级别。汉代的官印被盛放在腰间的鞶囊（绶囊）内，把印绶佩挂在腰间，垂搭在囊外，或者与官印一同放入囊内。《史记·范睢蔡泽列传》中有"怀黄金之印，结紫绶于腰"的描述。

印绶

双绶

穿着礼服时佩戴两条丝带。有大双绶和小双绶两种，通常挂在腰部，左右各一条，由秦汉时期的印绶演变过来，南北朝以后广为流行。《新唐书·车服志》："黑组大双绶，黑质，黑、黄、赤、白、缥、绿为纯，以备天地四方之色，广一尺，长二丈四尺，五百首。"

双绶

佩双绶的男子

上装

大绶

指质地细密的绶带，与质地粗疏的"小绶"相区别。汉班固《武帝内传》载："光仪淑穆带灵飞大绶，腰佩分景之剑。"《通典·礼志二十一》载："大绶，六采：元、黄、赤、白、缥、绿，纯元质，长二丈四尺，五百首，广一尺。"

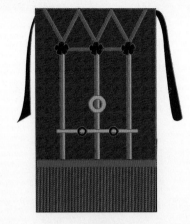

大绶

玉环绶

系挂有玉环的丝织带子。由秦汉的印绶演变而来，南北朝以后较为多见，最初的时候用于礼服配用。使用时悬挂在腰部，左右各一条。《隋书·礼仪志》载："小双绶，长二尺六寸，色同大绶，而首半之，间施三玉环。"

玉环绶

佩玉环绶的女子

三绶

汉代的官员有一枚印章便佩戴一印绶，若有数枚印章，则配用数条印绶。绶越多，则表示官员的权力越大。《汉书·杨仆传》："请乘传行塞，因用归家，怀银黄，组三绶，夸乡里。"

三绶

佩三绶的男子

图国典粹

服饰

古时，人们认为玉有五德，《礼记·玉藻》载："古之君子必佩玉。"玉佩是古代贵族礼服上必不可少的一种装饰，受森严的等级约束，用玉者的身份、玉佩的形制、佩带的方法及部位都有明确的规定。

组佩

组佩也称"杂佩"，用玉珩、玉璜、玉琚、玉瑀、冲牙等多种玉器组合而成。玉组佩在商周至两汉时流行，为王公贵族必佩之物。根据佩带者身份地位的高低，组佩的大小、结构不同。大佩是玉佩中最贵重的一种，据《后汉书·舆服志》载："古者君臣佩玉，尊卑有度。……至孝明皇帝，乃为大佩，冲牙、双瑀、璜皆以白玉。"汉代以后，玉组佩逐渐被废，到明代时，再度流行，成为冠服制度中不可缺少的佩饰。

湖南省长沙战国曾侯乙墓龙凤玉组佩

该器通长 48.5 厘米，最宽 8.5 厘米，玉青白色，呈长带状，由 5 块玉料共雕成 16 节，然后用椭圆形活环和榫连接在一起，各节分别透雕成龙、凤或璧形。璧上主要饰谷纹，间或有云纹和斜线纹；龙、凤上则以阴刻和浅浮雕表现出嘴、眼、角、鳞甲、羽毛、尾、爪等细部特征。全器透雕、浮雕和阴刻共刻出 37 条龙、7 只凤和 10 条蛇的形象。

河南省信阳长台关 2 号战国墓出土组佩彩绘俑复原图

身穿交领右衽直裾袍，宽袖，袖口呈弧状，缘饰菱纹，腰悬穿珠、玉璜、玉璧、彩结、彩环组佩。

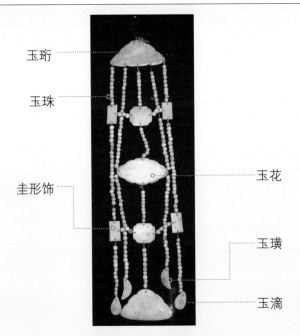

玉珩

玉珠

圭形饰

玉花

玉瑀

玉滴

明定陵出土的玉组佩（明）

大佩

大佩是玉佩中最为重要的一种。使用时将其悬挂在腰下，专门用于贵族男女的祭服或朝服，始出于商周，历代沿袭，入清之后便被废止。

玉珩
拱形，两端或中间各钻一孔，下面则缀挂玉珠、玉琚、玉瑀及冲牙等物。位于大佩顶端的横玉，也用作符信

玉琚
位于玉珩和玉瑀之间。《诗·卫风·木瓜》曰："投我以木瓜，报之以琼琚。"汉郑玄注："琚，佩玉名。"明代王圻《三才图会·衣服一》载："杂佩者，左右佩玉也。上横曰珩，系三组，贯以蠙珠；中组之半贯瑀，末悬衡牙；两组旁各悬琚瑀。又两组交贯于瑀上，系珩下。"

珩

琚

瑀

琚

瑀

衡牙

瑀

大佩

玉瑀
以白玉为料制成的圆珠，大佩上的串饰之一。《后汉书·舆服志下》载："至孝明皇帝，乃为大佩，衡牙双瑀璜，皆以白玉。"

玉璜
形状似半个玉璧，位于大佩底部，与冲牙并列，一起悬挂在腰部

衡牙
衡牙，即冲牙，上宽下尖，因外形与野兽的牙齿相似而得名。位于大佩的末端，左右各一个，中间施以玉瑀

清代皇帝朝服

　　清代皇帝朝服由披领、袍裙组成,穿用时搭配朝冠,有冬、夏二种形制,区别主要在衣服的边缘,春夏用缎,秋冬用皮毛。朝服颜色采用黄色系,有明黄色、杏黄色、金黄色等,以明黄为贵。皇帝在祭天、朝日、夕月时,所穿的朝服颜色又有不同。祭天时用蓝色,朝日时用红色,夕月时用白色。

　　朝服的纹样主要是龙纹和十二章纹样,具体位置有明确的规定:一般在正前、背后及两臂绣正龙各一条;腰椎处绣五条行龙,前后襞积(折裥处)处各绣九条团龙;下裳绣两条正龙、四条行龙;披肩绣两条行龙;袖端各绣一条正龙。

披领
夏朝领
夏朝服
龙袍裙

清雍正皇帝着夏季朝服像

冬朝冠
貂缘披领
朝珠
貂缘马蹄袖
冬朝服龙袍裙
朝靴

清乾隆皇帝着冬季朝服像

上装

披领

披领，也称"披肩"，是清代帝后朝服使用的一种领饰。一般以绸缎为料，裁剪成菱形，上绣龙蟒等图纹，并加以缘饰。常缝缀在衣上，也有的与衣身分开，使用时罩在肩上，在颈部扣结。

平金绣云龙纹披领（清）

马蹄袖

此原本是北方少数民族射手服装的袖式。袖身窄小，紧裹手臂，袖口裁为弧线，袖口上半部可以覆盖在手背上。因为便于射箭,也称"箭袖"。清军入关后，将箭袖用于礼服之上，因外形看起来像马蹄，故名。

平金绣云龙纹马蹄袖（清）

◆ 后妃、命妇的朝服

朝服并不是帝王百官的专用之服，后妃、命妇在参加受册、助祭、朝会时，也可以穿用。据《周礼·天官·内司服》记载，命妇礼服有六种，前三种专用于祭祀，后三种则兼用于朝会，即鞠衣、展衣、缘衣。

鞠衣

鞠衣又称"黄桑服"。王后在每年三月，穿着此衣，主持祭祀，祷告桑事，九嫔、卿妻则在朝会时穿鞠衣。衣式采用袍制，面料用黄色，衬里用白色。《礼记·月令》："(季春之月）天子乃荐鞠衣于先帝。"汉郑钧注："鞠衣，黄桑服也。色如鞠尘。像桑叶始生。"又："内命妇之服鞠衣，九嫔也。"始于商周，至明亡后，其制被废除。

《新定三礼图》中的鞠衣
聂崇义（宋）

褖衣

王后、命妇的礼服，也用作燕居之服；也被用于士的礼服或士妻的朝服。衣身镶有边沿，采用袍制，用黑色面料，白色衬里。始于商周，至南北朝时仍被采用，隋代以后消失不见。

《新定三礼图》中的褖衣 聂崇义（宋）

展衣

王后、命妇的礼服，专用于朝见帝王及接见宾客。衣式采用袍制，表里皆用白色。始于商周。

《新定三礼图》中的展衣 聂崇义（宋）

钿钗礼衣

唐代命妇所穿着的一种礼服。据唐高祖颁布的《武德令》记载：唐代皇后服有袆衣、鞠衣、钿钗礼衣三等。内命妇穿其于常参，外命妇穿其于朝参、辞见及礼会宾客。钿钗礼衣用杂色，由中单、蔽膝、大带、革带、履袜、双佩及小绶花等组成，头饰花钿。根据命妇的等级，花钿的数目不等，一品九钿，二品八钿，三品七钿，四品六钿，五品五钿。

钿钗礼衣

大袖衫

　　大袖衫又称"大衫"，明代内外命妇的礼服，穿着时和霞帔、褙子等服饰配用。圆领，衣身宽大，袖子垂至臀部，更甚者至地面，用红色纻丝纱罗为料制作。《钦定续文献通考·王礼》卷八载："内命妇冠服，洪武五年定……四品、五品山松特髻、大衫为礼服……"

霞帔

圭

大衫

坠子

明代贵妇礼服示意图

霞帔

　　一指彩色披帛，妇女披搭于肩，为装饰，常以轻薄透明的五色纱罗为料。因为色彩好似虹霞而得名。一指命妇的礼服，用狭长的布帛为料制作，并绣有云凤花卉。穿着时佩挂在颈部，从领后绕至胸前，下垂至膝，底部用坠子相连。始于宋代，原来为后妃穿用，后来普及于命妇之中。

清代后妃、命妇朝服

　　清代后妃、命妇所穿的朝服很有特色，通常由朝冠、朝袍、朝褂、朝裙及朝珠等组成。皇太后、皇后朝袍分冬夏两种，冬朝袍有三式，夏朝袍有两式，由披领、护肩、袍组成，均采用明黄色锦缎制成，上绣金龙、祥云、八宝平水等纹样。朝褂，加罩在朝袍外的服饰，基本款式是对襟、圆领、无袖、开气，形如背心，上面也绣有龙云及八宝平水等纹样。朝裙衬在朝褂之内，也绣有各种吉祥图纹。

领约
佩戴于颈间的装饰品。用金丝做成颈圈，上面镶嵌各种宝石，两端各垂有一条丝绦，金圈中装有可以开合的铰具，戴时打开套入颈间，压于朝珠和披领之上

朝袍

朝裙

彩帨
以彩帛为料，做成狭长的条状，上窄下宽，底部为锥形，用颜色与织绣的纹样来区分上下等级。使用时与礼服相配，系挂在衣襟上

冬朝冠

金约
朝冠的配件。在戴朝冠时需先戴金约，再戴朝冠，起约发作用

貂缘披领

朝珠

貂缘马蹄袖

寿字纹

清孝贤皇后着冬装朝服像

八宝平水
传统织绣纹样，在清代朝服中称为"八宝平水"，龙袍中称为"八宝立水"。这里的"八宝"为杂宝，如犀角、书籍、宝珠、珊瑚、灵芝等。山石呈倾斜状，一般位于袍服下摆的正中和两侧。朝服中只有平水纹样，呈波浪状

行龙
传统织绣纹样，龙身侧向，昂首竖尾，龙爪向下，表示行走。有别于正面端坐的"正龙"，经常对称使用，左右各一。常刺绣在衣服的腰椎及下摆部位

朝珠

　　朝珠又称"数珠""素珠"，清代帝王百官、后妃、命妇穿朝服或吉服时垂挂于胸前的一种珠串，由佛教的念珠演变而来。朝珠以珊瑚、水晶、蜜蜡、玛瑙、翡翠、琥珀及绿松石等材料制成。一百零八颗圆珠，每隔二十七颗圆珠则串一颗不同质料的大珠，共四颗，俗称"佛头"；另在两边附小珠三串，每串十粒，一边两串，一边一串，使用时男者两串在左，女者两串在右，称为"纪念"。在顶端的佛头下连缀一个塔形饰物，称"佛头塔"。下垂一个椭圆形玉片，悬挂时垂于人体后背，称"背云"。清朝规定，皇帝以下官员以及皇后、命妇等穿朝服时必须佩戴此珠。

翡翠朝珠（清）

朝褂

　　清代贵妇礼服之一。圆领，对襟，无袖，用石青缎为料制作。使用时罩在朝袍之外，长与袍齐。皇太后、皇后朝褂有三式，均以绣纹为别。其下侯、伯夫人至七品命妇也以绣纹相别。

龙褂

　　清代皇后、妃、嫔及皇太子所穿的绣龙外褂，相当于皇帝的衮服。对襟、平袖、下长过膝。所绣纹样略有差异。皇子龙褂皆绣四团，形制与皇帝衮服相似，唯无日月章纹及万寿篆字。

朝褂（清）

龙褂（清）

服饰

图国典粹

吉服褂

　　清代命妇所穿礼服。
相当于皇后、妃嫔的龙褂。
上自皇子福晋，下至七品
命妇，礼见宴会均可穿着。
圆领、对襟、两袖平齐、
下长过膝，用石青缎为料
制作。所绣花纹各有定制。
皇子福晋绣五爪正龙四团，
前后两肩各一团。以下均
以细微变化相互区别。

吉服褂（清）

长褂

　　清代官员、命妇所穿着的一种礼服，用于礼见、朝会。通常做成宽袖、圆领、对襟，
穿着时加在袍服之外。所选用的材料因季节而定：夏季用纱，春秋用缎，冬季用皮。长
度一般都在膝下，有别于齐腰的马褂。

石青缎地三蓝平针绣折枝牡丹纹女长褂（清）

公服

图国
典粹

服
饰

公服，指古代官吏在处理公务时所穿的服装，因只用于官吏，也称"官服"。公服的形制要比祭服、朝服简便得多，也省略了许多佩饰。

魏晋以前，在关于服制的典籍中，关于祭服、朝服的记载较多，魏晋以后，对公服的记载才逐渐增多。《资治通鉴·齐武帝永明四年》载："辛酉朔，魏始制五等公服。"元代胡三省注："公服：朝廷之服。五等：朱、紫、绯、绿、青。"据《礼仪志》记载："北朝时，流外五品已下，九品已上，皆着袴衣为公服。"袴衣是早期的公服形制，是一种单衣，两袖窄小，便于从事公务，这也是有别于祭服、朝服之处。据史书记载，袴衣作为官吏所穿公服的主要式样，一直沿用至隋代。

唐代公服制度较为完善，公服的形制采用袍制，两袖仍比较窄小，以服色、纹样、佩饰区分官吏的等级身份，对后世公服产生了深远的影响。

宋代公服也称"常服"，款式为圆领、大袖袍服，下裾加横襕，腰束革带，与幞头、靴等服饰相配。

元代官吏的公服沿袭宋代元丰之制，但有所创新。在公服上绣以花卉图案，以图案品种、大小区分品级。官吏身穿公服时，必须戴漆纱制成的展角幞头。

明代公服与常服分制，公服用于奏事、侍班、谢恩及见辞等。公服的形制为袍式，盘领，右衽，袖宽三尺，多用苎丝、纱、罗等材料制成。根据公服的服色，绣花的花径品种和大小，以及腰带的资料区分品级。一至四品为绯色；五至七品为青色；八至九品为绿色。公服上的纹样与元制相同。

清代官服废除了服色制度，不论职位高低，颜色都是蓝色，只在庆典时方可用绛色。清代公服由袍、褂组成，袍均为圆领，右衽。也用补子。

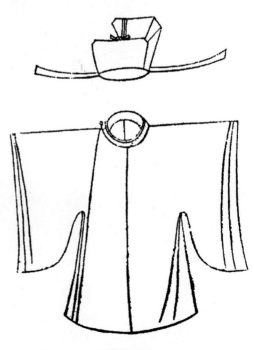

明代公服

公服服色是区分官吏等级的标准之一，唐贞观四年（630），公服颜色被定为四等：一至三品服紫，四品至五品服绯，六品至七品服绿，八品至九品服青。安史之乱之后，规定：三品以上仍用紫色；四品用深绯；五品用浅绯；六品用深绿；七品用浅绿；八品用深青；九品用浅青。

唐代的公服制度虽对服色的规定很严格，但在具体实行的时候，也可以变通。如果一些官吏的品级不够，但是遇到了奉命出使等特殊情况，经过特许可以穿用比原品级高一级的服色，俗称"借紫""借绯"。唐代裴庭裕《东观奏记》中就有此类情况的记载："郑裔绰自给事中，以论驳杨汉公忤旨，出商州刺史，始赐绯衣、银鱼。"

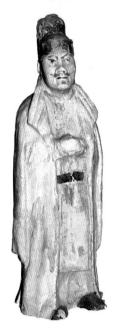

彩绘官吏俑（唐）

紫袍

《阙楼仪仗图》中身穿各色袍服的侍从（唐）

紫色袍服，在唐代公服中最为贵重，"紫袍"一词也成为显官要职的代称。据《隋唐嘉话》记载："旧官人所服，惟黄、紫二色而已。贞观中，始令三品以上服紫。"唐代元稹的《自责》有"犀带金鱼束紫袍，不能将命报分毫"的诗句。

绯袍

绯袍又称"绯衣""绯衫"，大红色袍服，大袖，右衽，衣襟及袖口常有镶边。南北朝时，不分贵贱都可穿着。唐宋时用于四、五品官，明代则用于一至四品。

绿袍

　　唐代六品及七品官的公服，唐代元稹《酬翰林自学士代书一百韵》诗中曰："绿袍因醉典，乌帽逆风遗。"韦庄《送崔郎中往使西川行》诗中："新马杏花色，绿袍春草香。"都是对这种官服的描述。

青袍

　　青袍也称"青衫"，是唐代公服中等级最低的服装，多用以代称品级低的官吏。唐代杜甫《徒步归行》中曰："青袍朝士最困者，白头拾遗徒步归。"白居易《琵琶行》中曰："座中泣下谁最多，江州司马青衫湿。"都是对这种公服的描述。

绣袍

　　唐代官吏所穿的袍服纹样，一般以暗花为多。武则天当朝时，颁布了一种新的服装，即在不同职别官员的袍服上，绣以不同的图案，故称"绣袍"。文官的袍上绣飞禽，武官的袍上绣走兽，"衣冠禽兽"的成语就源于此。在文武官员的袍服上绣禽兽纹样以区分官员品级的做法，到明清时期发展成"补子"。

| 四名侍从身穿绣袍，神情各异 | 唐明皇戴幞头，身着黄袍，束腰带，坐于椅上，头略低，神情专注 | 官吏戴幞头，身着紫袍，束腰带，双手相握而立，表情略带惊诧 | 老者坐于绣墩之上，身着青衣，双掌向上，面带微笑，作言语状 |

《张果老见明皇图》任仁发（元）

　　此图描绘了传说中的"八仙"之一张果老及其弟子谒见唐明皇的故事，从画中可以看出唐代服饰的情况

　　唐代官吏按照品级高低，穿用不同质料的腰带，并以腰带上的饰物区分等级。据北宋高承《事物纪原》记载："自古皆有革带及插垂头，至秦二世始名腰带。唐高祖令向下插垂头，取顺下之义，名铊尾。"上元元年（760），自三品官至庶人各有等制。以金、玉、犀、银、鍮石、铜、铁为饰，自十三铐至六铐。"唐代腰带从胡服的蹀躞带演变而来，不用带钩，用带扣板扣结。带上的饰物为铐和铊尾，附在鞓上。

鞓

指用布帛包裹的皮革腰带。

铊尾

　　腰带的尾部装饰。以金、银、铜、铁、犀、玉为料，做成扁长形，一端方正，一端作圆弧形，四周钻有小孔，用铆钉固定在革带上，位于人体的左肋处。唐代规定，文武百官系腰带时，必须将铊尾垂下，用来表示对朝廷的臣服。

铐

　　附在腰带上的饰片，又称"带板"。一般为方形，有金铐、玉铐、鍮石铐、铜铐、铁铐等种类。铐的数量和质料是区分品级的重要标志。

击鼓乐伎纹玉带板（唐）

《文苑图》[局部] 周文矩（五代）

人物戴硬脚幞头、穿圆领襕袍，领口用同色衣料的阔边镶沿，露出白色护领。腰束玉带，铊尾下垂

　　此图描绘了唐玄宗时著名诗人王昌龄任江宁县丞期间，在任所琉璃堂与朋友宴集的情景

鱼符

鱼符是隋唐时朝廷颁发给官吏的鱼形符信，鱼符质料因官阶不同而有所区别。鱼符上面刻有文字，分成两爿，一爿在朝廷，一爿自带。官员迁升或是出入宫廷等情况下，以鱼符吻合为凭信。

鱼符

鱼袋

鱼袋是一种佩囊，用来盛放鱼符，系挂于腰部。鱼袋的颁发与鱼符相同，均由朝廷操办，宋代虽没有鱼符的制度，但仍佩有鱼袋。

鱼袋佩戴示意图

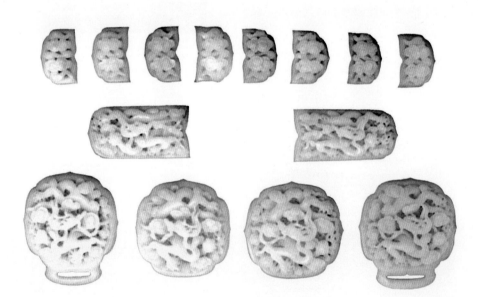

汪兴祖墓出土的玉带板（明）

这套玉带饰采用上等白玉制成。玉饰正面镂雕云龙纹，背面包金，所雕云龙有较多的层次，雕刻精细

唐代品官服制简表

品级	服色	腰带	冠	鱼袋	笏
一、二、三品	紫色	金玉带十三铸	三梁冠	金鱼袋	象牙
四品	深绯色	金带十一铸	两梁冠	银鱼袋	象牙
五品	浅绯色	金带十铸	两梁冠	银鱼袋	象牙
六、七品	深绿色、浅绿色	银带九铸	一梁冠		竹木
八品	深青色	鍮石八铸	一梁冠		竹木
九品	浅青色	鍮石八铸	一梁冠		竹木
庶人	黄白色	铜铁带七铸	无		

宋代品官冠服制简表

品级	服色	腰带	冠	鱼袋	笏
一品	紫色	玉带	七梁冠	金鱼袋	象牙
二品	紫色	玉带	六梁冠	金鱼袋	象牙
三品	紫色	玉带	五梁冠	金鱼袋	象牙
四品	紫色	金带	五梁冠	金鱼袋	象牙
五品	绯色	金涂带	五梁冠	银鱼袋	象牙
六品	绯色	金涂带	四梁冠	银鱼袋	象牙
七品	绿色	黑银及犀角带	三梁冠		槐木
八品	绿色	黑银及犀角带	三梁冠		槐木
九品	绿色	黑银及犀角带	二梁冠		槐木
庶人	皂白色	铁角带	无		

元代品官服制简表

品级	服色	绣花	花径
一品	紫色	大独朵花	五寸
二品	紫色	小独朵花	三寸
三品	紫色	散花	二寸
四品	紫色	小杂花	一寸五分
五品	紫色	小杂花	一寸五分
六品	绯色	小杂花	一寸
七品	绯色	小杂花	一寸
八品	绿色	素而无纹	
九品	绿色	素而无纹	

上装

补服是官员的常朝之服，用于朝视、谢恩、礼见、宴会等场合。因胸前、背后缀有补子，故名。

受有诰封的命妇，即官吏母、妻，虽然不代坐堂办公，但也备有补服，通常用于庆典朝会。所用纹样可按照其丈夫或儿子的品级而定，如一品命妇，可用仙鹤，二品命妇则用锦鸡，以下类推。凡为武职之母、妻，则不用兽纹，也用禽鸟，和文官家属一样，意思是女子以娴雅为美，不必尚武。

头戴乌纱帽，身穿绯色圆领袍服的官吏

头戴乌纱帽，身穿青色圆领袍服的官吏

戴乌纱帽、穿盘领补服的官吏（明）

《杏园雅集图》[局部] 谢环（明）

此图描绘了明代大学士杨荣、杨士奇、杨溥等人于杏园聚会的场景，图中的官吏均戴乌纱帽，身穿各色袍服，腰系玉带，是明代仕宦服装的真实写照

　　省称"补",又称"绣胸"。用金线或彩丝绣织成禽、兽两类图案,文官用禽,武官用兽,用来区分官员的身份等级。补子的外形通常做成方形,在袍服的前胸和后背各缀一块。

　　明代用大襟袍;清代用对襟褂。

　　明代服装用绯、青、绿色;清代则用石青、天青色;

　　明代补子通用方形;清代补子除方形外,也有圆形,或用二团,或用四团(两肩及前后各用一团)。

上装

明代文官补案

一品 仙鹤

二品 锦鸡

三品 孔雀

四品 云雁

五品 白鹇

六品 鹭鸶

七品 鸂鶒

八品 黄鹂

九品 鹌鹑

杂职 练鹊

法官 獬豸

明代武官补案

一、二品 狮子

三品 虎

四品 豹

五品 熊罴

六、七品 彪

八品 犀牛

九品 海马

清代文官补案

一品 仙鹤

二品 锦鸡

三品 孔雀

四品 云雁

五品 白鹇

六品 鹭鸶

七品 鸂鶒　　　　　八品 鹌鹑　　　　　九品 练鹊

御史 獬豸

清代武官补案

一品 麒麟　　　　　二品 狮　　　　　三品 豹

四品 虎　　　　　五品 熊罴　　　　　六品 彪

七、八品 犀牛　　　　　九品 海马

便服

便服，指帝王百官及士庶百姓平常家居时所穿的衣服。便服与礼服是相对的服装，礼服是礼制的产物，服装的质地、色彩、款式、纹样等多有统一而严格的规定，历代延续，变化不大。而便服是居家之服，主要受社会风尚和生活习俗等影响，受礼制约束较礼服少，所以形式多样、变化无穷、不拘一格。在中国历史上，曾流行的便服形制主要有衣、襦、衫、袍、袄、褂等。

◆ 深衣

在深衣出现之前，衣服都由上衣和下裳组成。深衣最早出现于春秋战国时期，一直流行到东汉时期，魏晋以后，深衣被袍衫所取代，逐渐退出历史舞台。但后世的裤褶、襦裙等服装都是深衣的遗制。深衣最初是士大夫阶层居家的便服，由于其形制简便，穿着适体，无论男女，不分尊卑，皆可穿用。

深衣的形制在《礼记·深衣》中有详细的记载："古者深衣，盖有制度，以应规矩，绳权衡。"东汉郑玄《礼记注》载："名曰深衣者，谓连衣裳，而纯之以采者。"深衣的形制特征是上下分裁而合制，但保持一分为二的界限。袖圆似规，领方似矩，后背垂直如绳，衣摆平衡似权。

深衣的另一个特点是"续衽钩边"。衣自胸前交领至衣下两旁掩裳际形成衽，衣襟左掩为左衽，右掩为右衽。"续衽"指把衣襟接长，"钩边"形容衣襟的样式。

正面

背面

《三才图绘》中的深衣（明）

曲裾深衣

在深衣的基础上，前襟被接长一段，穿着时须将其绕至背后。这样的服装，被称为"曲裾深衣"。《汉书·江充传》载："充衣纱縠禅衣，曲裾后垂交输。"曲裾深衣的服装样式在形象资料中还是比较多见的。如河北省平山战国时期中山国遗址出土的一件人形灯柱铜灯，人形穿着的就是典型的曲裾深衣。湖南省长沙马王堆一号汉墓出土的深衣也是曲裾深衣。

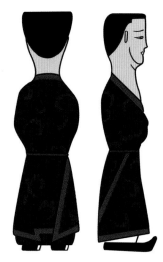

穿曲裾深衣的木俑复原图

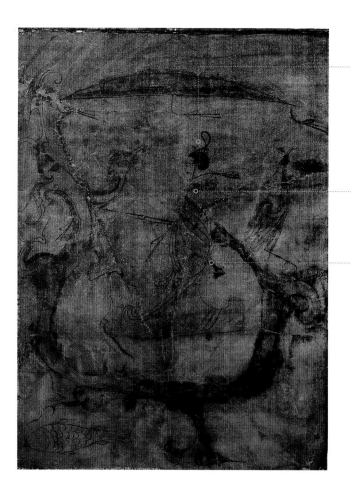

头戴岌岌高冠

身穿宽袖深衣，衣襟盘曲而下，形成曲裾

腰佩长剑

《人物御龙图》（战国）

这幅帛画出土于湖南长沙楚墓，图中绘一侧身直立的男子驾驭着一条巨龙，男子气宇轩昂，从服饰上看，当为战国时期的贵族

袪
指衣袖的袖口，通常是用厚实的
织物为料，起装饰作用，并增强
衣袖的耐损性。其形制要比袖身
小，魏晋以前男女都可以使用，
用于深衣、襜褕和袍服

领口很低，能露出里面的衣
服，最多的达三层以上，称
"三重衣"

交领
形制为长条，下部连带衣襟，穿
着后两襟相互叠压，故因穿着后
的形态而得名。男女都可以穿用，
只要衣领相交，都可称为交领

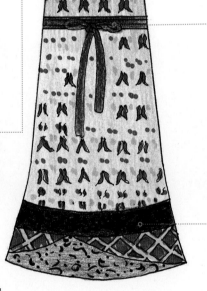

袂
最初指衣袖的下垂部分，
位置在人体胳膊的肘关节
处，一般多作弧形，方便
手臂的弯曲和伸展。后来
逐渐引申为衣袖的统称

衣襟
指衣的前幅

右衽
衣襟由左向右掩，以带或
纽固定。古时多见于汉族
服饰中，并与少数民族的
左衽相区别

腰带
束腰用的巾帛，常以
绫、罗、绸等织物为
材料，使用时在腰部
缠绕数圈

曲裾
"裾"指衣服的大襟，
曲裾是指把衣襟环
绕形成的衣襟样式

汉代女子的曲裾深衣示意图

　　曲裾深衣是汉代女子服装中非常时尚的款式，最能体现女子的婀娜多姿。这种服装
通身紧窄，衣长曳地，下摆呈喇叭状，行不露足

深衣演变过程

　　在深衣的演变过程中，大抵经历了这么几个阶段：

1. 先是采用曲裾。

2. 当人们的内裤得到完善之后，进而发展为直裾。

3. 从直裾发展为襜褕和袍，袍和襜褕并行了一个阶段之后，袍则替代了
襜褕。袍是一种长衣，通常制为两层，中纳棉絮，最初被当作内衣，穿着时
必须另加罩衣。

绕襟深衣

绕襟深衣是在曲裾深衣基础上的变体形式，西汉时期的妇女深衣多为此样式，即将衣襟接得极长，穿时在身上缠绕数道，用带子匝结固定，每道花边则显露在外。

杂裾垂髾服

杂裾垂髾服是流行于魏晋南北朝的女性服饰，因在服装上饰以"纤髾"而得名。所谓"纤"，是指一种以丝织物制成的饰物，特点是上宽下尖形如三角，并层层相叠，一般固定在衣服下摆部位；所谓"髾"，是指一种长飘带，从围裳中伸出来，拖至地面，走起路来，如燕飞舞。

穿绕襟深衣的彩绘木俑（湖南省长沙马王堆汉墓出土）

上衣短小，衣身细窄贴体，衣袖宽博

腰间用一条帛带扎系

衣襟、袖口、下裾缀有装饰

长裾，指拖曳在地面上的衣裙下摆

下摆装饰有斜角形、三角形围裳，围裳上带若干飘带，飘带裁成刀圭状，因此这种围裳又被称为"袿衣"

魏晋南北朝时期的杂裾垂髾服

《洛神赋图卷》[局部] 顾恺之（东晋）

　　图中描绘的洛水神女身着华贵艳丽的杂裾垂髾服，宽衣薄带，衣袖飘飘，超凡脱俗。从洛水神女的风采和服饰，可以一窥魏晋时期贵族妇女的服饰特点和当时人们所崇尚的审美观

襜褕

　　襜褕即直裾之衣，大约出现于西汉初期，最初为妇女日常穿着，若男子穿着，则被认为是失礼的表现。至西汉晚期时，襜褕得到普及，男女均可穿着。东汉以后，襜褕逐渐替代了深衣。襜褕的制作材料颇为广泛，帛、兽皮等均可，并可夹毛皮装饰，春秋两季多用来御寒保暖。襜褕的外形与深衣相似，其相同点是均为衣裳相连，不同之处是衣裾的开法。深衣多为曲裾，而襜褕则为直裾，制作时把衣襟前片接长一段，穿时折向后身，垂直而下，形成直裾。襜褕是在内衣完善之后的一种新型服式，穿时不用担心暴露下体，所以款式多比较宽松，不像曲裾深衣那样紧裹于身。

穿襜褕的女子

禅衣

　　一指单衣，即没有衬里的单层外衣，其外形与深衣相似，有直裾和曲裾两种款式，不论男女均可穿用。1973年湖北省江陵凤凰山八号汉墓出土竹简上注有"旱（皂）绪禅衣一""故布禅衣二"诸语。另一指绒衣，明代屠隆《起居器服笺》载："禅衣，琐哈剌绒为之，外红里黑，其形似胡羊毛片，缕缕下垂，用布织为体，其用耐久……"

湖南省长沙马王堆汉墓出土的直裾禅衣

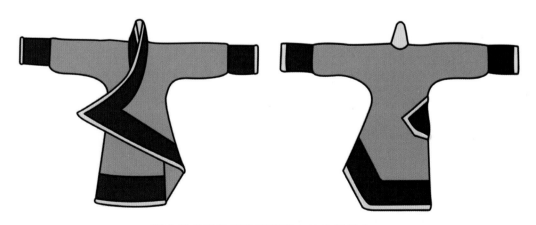

湖南省长沙马王堆汉墓出土的曲裾禅衣

◆ 袍

袍，也称"袍服"，是一种长度通常在膝盖以下的服装。袍本是少数民族的特色服装，战国以后较为常见，男女均可穿用，战国时的袍服与深衣的最大区别是，袍服直裾，深衣曲裾。袍服的袖子相对较窄，而深衣多用宽袖。另外，袍的衣摆不像深衣那样宽大。袍服与深衣的相同之处是，均为交领右衽，衣裳连为一体。袍最初多作内衣。《礼记·丧服大记》载："袍必有表"，意为穿袍时需在外面另加罩衣。到了汉代，人们家居时可以单独穿袍，不需要另加罩衣。东汉时，袍服已经成为新娘出嫁时必备的礼服，不分尊卑都可穿着。袍逐渐由内衣变成外衣，因样式上与襜褕相近，久而久之，两者融为一体，不论有没有棉絮，都统称为"袍"。袍取代襜褕之后，用途更为广泛，上自帝王，下及百官，礼见朝会都可穿用。袍服虽被用作礼服，但也作为帝王百官以及庶民日常的服装。交领，两襟相交，垂直而下。衣袖宽大，形成圆弧，袖口部分收敛，便于活动。领、袖、襟、裾等部位缀以缘边，起装饰和使衣服结实的作用。袍有夹、棉之分，用细而长的新棉絮制成的，称"纩袍"；用短而粗的新棉或旧棉絮制成的，称"缊袍"。西晋、东晋时期，袍服采用交领右衽，宽身博袖，领、袖、襟等部位镶饰缘边。而北朝袍服则是采用交领或圆领，右衽，窄袖合身，领、袖、襟等部位镶饰缘边或不施缘边。袍服是隋唐时期男子的普遍服式，一般为圆领右衽，领袖及襟处有缘边修饰，袖有宽窄之分。官员的常服，一般都用织有暗花的料子制作，并用服色区别身份和等级。男子所穿的袍服下端，即膝部通常加有一道横襕（拼缝），即史籍中记载的"袍下加襕"。一直沿用至宋代。

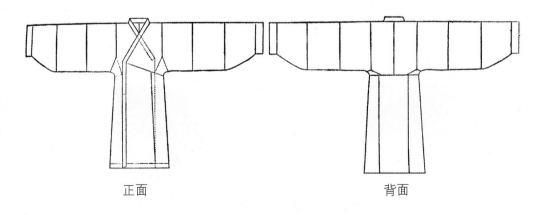

正面　　　　　　　　　　背面

湖北省江陵马山楚墓出土的战国袍服示意图

山西省大同北魏司马金龙墓
出土的穿袍服的陶俑

《备骑出行图》(隋)

　　图中描绘了四个侍卫，姿态不同，表
情各异，均身着袍服，袍下加有一道拼缝

陕西省李重润墓出土的
《男侍从图》(唐)

　　画中七位侍从，均
双手持笏，身穿圆领袍
服，腰系黑色腰带，脚
穿乌皮靴

115

赭黄袍

赤黄色的袍服，也称作"郁金袍""柘黄袍"。始于隋文帝。唐贞观年间规定，皇帝常服，因隋旧制，用折上巾、赤黄袍、六合靴。若不是大型的祭朝会，皇帝都穿此服。唐代也沿用此制。《新唐书·舆服志》载："至唐高祖，以赭黄袍、巾带为常服。"

穿赭黄袍的帝王

直掇

指道士、僧侣所穿着的袍，俗称"道袍"。对襟大袖，腰缀横襕，以素布为料。宋代赵彦卫《云麓漫钞》卷四载："古之中衣，即今僧寺行者直掇，亦古逢掖之衣。"直掇在宋代以后较为流行，所以又指宋、元、明代退休的官员或士、庶男子所穿之袍，是一种家居常服，大襟交领，上下相连，衣长过膝，衣缘四周镶以黑边，因无横襕、襞积，直通上下，因此得名。冯鉴《续事始》引《二仪实录》载："（袍）无横襕谓之直掇。"

《杨竹西小像》[局部] 倪瓒（元）

曳撒

一种长袍，大襟，长袖，以纱罗、纻丝为料制作。衣身前后形制不同，前身分为上下两截，后身做成整片。腰部以上与后身相同，腰部以下两侧折有细襕。明初用于官吏及内侍，红色并缀有补子的是有官职之人，青色无补子的是无官职之人。明代晚期，曳撒已逐步演变为士大夫阶层的常服，出席宴会者也能穿着。

《宪宗调禽图》中身穿曳撒的明宪宗（明）

忠静服

这种制度始于明嘉靖七年（1528）。其中的"静"也当作"靖"。明代职官退朝燕居所穿着的服装，含"进取尽忠，退思补过"之意，交领，右衽，大袖，上下相连，衣长过膝，常以深青色纱罗为料。不同的品级官员用不同的图案或素色来区别地位等级。

忠静服

顺褶

一种下摆有褶裥的袍子。长袖，交领，衣裳分制，褶裥像裙子，胸前、背后可缀补子。始于明代，多用于宦官近侍。明代刘若愚《酌中志》卷十九载："顺褶，如贴里之制。而褶之上不穿细纹，俗谓'马牙褶'……"

顺褶

旗袍

一种长袍。原指旗人所穿着的袍服。包括官吏的朝袍、蟒袍及常服袍等。后专指妇女的袍服，名称始见于清朝。辛亥革命后，汉族妇女也以穿着旗袍为尚，并在原来基础上加以改进。

身穿旗袍的满族女子（清）

117

◆ 衫

衫出现于魏晋时期，是一种没有衬里的单衣，多用轻薄的纱罗制成。衫的袖子宽大，垂直，袖口不收紧，一般采用对襟，衫襟既可用带子系缚相连，又可不系带子，比袍穿用方便，散热性好，适合夏天穿用。南北朝时期由于受胡服的影响，穿衫的人逐渐减少，晚唐五代时再度流行。唐代士人平时所穿之衫名为"襕衫"，而百姓所穿的衫与士人有所不同，样式较短小，长不过膝，便于劳作，称作"缺胯衫"。除男子外，唐、五代的女子也喜着衫，尤其到了夏季，更以穿着宽衫为尚。宋代承袭唐代制度，士人也穿襕衫。女子则穿纱罗之衫，但在穿法上趋于拘谨和保守，不像唐代那样袒胸露脯，多加有衬衣。由于衫的衣袖宽大，宋代干脆就称这种女服为"大袖"。到了明代，衫大多作为女子礼服。随着后世发展，衫开始泛指衣服。

对襟袒胸衫

魏晋时期，文人广泛穿着的一种衫：对襟、大袖，衣长至膝下，衫的对襟常有垂褶，腰间系有腰带，飘洒自如，随心所欲，半披半曳，一副放荡不羁、不入世俗的形象。

穿对襟袒胸衫的文人（魏晋）

裹衫

一种无袖的披风。通常以白色布帛制作，上缀纽带，穿着时披搭于肩背，在颈部系带。可以阻挡风寒。魏晋南北朝时期较为流行，多用于文人逸士。

《北齐校书图》中穿裹衫的文人（北齐）

靴衫

　　指高勒靴及圆领衫，本为男子骑马时所穿着的服装。唐天宝年间，靴衫也流行于女子间，不受拘束，外出或家居时也大胆穿着。五代后唐马缟《中华古今注》载："至天宝年中，士人之妻，著丈夫靴衫、鞭帽，内外一体也。"

白衫

　　唐宋时士人便服，因以白色纻罗为料而得名。宋代也称其为"凉衫"。唐代李济翁《资暇集》卷中载："今多白衫、麻鞋者，衣冠在野与黎庶雷同。"宋干道年间，朝廷嫌其颜色与凶服类似，遂以紫衫代替，只有服丧期间才可穿着白衫。

《虢国夫人游春图》[局部] 张萱（唐）

　　头戴幞头，身穿圆领袍衫，腰间系带，脚蹬乌皮六合靴，这是唐代典型男服

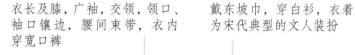

衣长及膝，广袖，交领，领口、袖口镶边，腰间束带，衣内穿宽口裤

戴东坡巾，穿白衫，衣着为宋代典型的文人装扮

《西园雅集图》马远（宋）

缺袴衫

　　指开衩的短衫，长不过膝，在胯部的前后、两侧各开一衩，衩旁有缘饰，常用白布为料。因为方便穿着与活动，所以多出现在庶民之中，始于唐朝，宋、明时期广为流行。

穿缺袴衫的男子

薄罗衫子

　　用纱罗制成的夏衣。通常做成对襟、两袖宽博，因其质地轻薄透明而得名。多用于宫娥贵妇，穿着后可透露出肌肤的颜色。晚唐五代较为流行，尤以南方为常见。五代后唐庄宗《阳台梦》曰："薄罗衫子金泥缝，因纤腰怯铢衣重。"

《簪花仕女图》中的唐代贵妇

　　图中所绘的唐代贵妇，身穿薄罗绣花大袖衫，直领对襟，衣长至踝，内着红色团花长裙。"绮罗纤缕见肌肤"就是对这种服装的真实写照

素罗大袖

　　宋代贵妇的流行服饰。衣身用正裁法裁制，衣缘加有花边。两边袖端各接有一段，延长为长袖，接缝处也有花边。此衣多穿在外。

素罗大袖

福建省福州南宋黄昇墓出土实物，以单层素罗制成，前身
长 120 厘米，后身长 121 厘米，两袖通长 182 厘米

汗衫

　　一指贴身衬衣，短袖、对襟，长及腰，以素纱为料，相传此名得于汉高祖。后世也有用细竹段、料珠串缀而成的汗衫。一指官吏燕居时所穿着的常服。《宋史·舆服志五》载："宋初因五代旧制，每岁诸臣皆赐时服，……应给锦袍者，皆五事：公服、锦宽袍，绫汗衫……"

扣身衫子

　　一种紧身的衣服，圆领，对襟，长袖，袖身宽松，衣长至膝下。因为紧裹着身体而得名。多用于妖冶之妇。明兰陵笑笑生《金瓶梅词话》第一回："(潘金莲)疏一个缠髻儿，着一件扣身衫子。"

汗衫

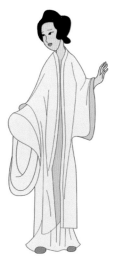

穿扣身衫子的女子

◆ 褙子

褙子，即"背子"，古代女子的典型常服，地位仅次于大袖。两宋时期较为流行。《宋史·舆服志》载："淳熙中……

妇人则假髻、大衣、长裙。女子在室者冠子、褙子。"褙子为对襟、直领，两腋开衩，衣长过膝。褙子有单有夹，衣袖有窄宽两种式样，穿着时罩在襦袄之外。褙子的衣襟上既无纽襻也无系带。

衣袖可
宽可窄

对襟直领

直腰身非常适合居家休闲穿用

衣身可长可短

紫灰绉纱滚边窄袖女褙子（南宋）

头戴山谷巾，巾的质地较薄，隐约可见乌黑的发髻

身穿窄袖褙子，衣长及膝，敞口穿在衣裙之外

《瑶台步月图》陈清波（宋）

此图描绘了中秋时节，仕女于露台赏月的情景。景色空蒙，高台的栏杆颜色深重，衬托出人物纤秀清丽的形象，人物的服饰带有典型的南宋风格

襦

襦是一种长不过膝的短衣。唐代颜师古注："短衣曰襦，自膝以上。"东汉前，男女都可以穿用，可当衬衣，也可当外衣。东汉以后，多为女子穿用。汉魏时期，襦一般采用大襟，有长短之分，长者至膝部，短者至腰间；衣袖有宽窄两种样式；有单夹之分。隋唐时期，襦的式样有所变化，更多采用对襟，不用纽带，以窄袖为主，袖长至手腕或超过手腕，多与裙配套穿用，下束于裙内，因此有"襦裙"之称。到了宋代，由于褙子的出现，穿襦者一度减少，但士庶妇女还常穿用。元代，襦又重新流行。清代中期，由于袄的流行，襦逐渐消失。

接袖短襦

流行于汉魏时期的一种襦，因袖端多接有一截白色的接袖而得名。大襟，衣襟右掩，衣身下半部多束于裙内。袖式分为宽窄两种，多以窄袖为主。朝鲜乐浪彩夹冢出土的汉画及河南省密县打虎亭汉墓壁画所绘人物衣着，均是这种样式。

汉代襦裙

腰襦

也称作"要襦"，是一种齐腰的短袄，形制与普通的短襦类似，只是腰部有区别。初始男女均可穿着，汉魏后多为妇女所穿。汉代刘熙《释名·释衣服》载："要襦，形如襦，其要上翘，下齐要也。"唐、宋、元、明、清历代沿用，清中叶以后逐渐消失。现今朝鲜族妇女所穿的传统短衣长裙女装中，仍有这种形制。

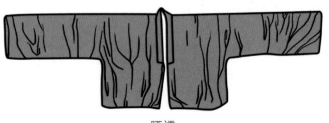

腰襦

123

《捣练图》[局部] 张萱(唐)

　　此图描绘了一群唐代女子捣练、络线、熨烫及缝衣时的情景。图中女子着装为典型的唐代女服样式，梳高发髻，穿窄袖短襦，下着长裙，裙腰高系，裙长曳地

着红襦白裙，披　　着白襦紫裙，披　　　着紫衣绿裙，披
帛，腰系绦带　　　帛，腰系绦带　　　帛，腰系绦带

着白衣白裙，披帛，
腰系绦带

着绿衣红裙，披
帛，腰系绦带

《韩熙载夜宴图》[局部] 顾闳中（五代）

　　这是《韩熙载夜宴图》的第四部分"清吹"，图中描绘了五名奏乐女子，皆梳高髻，上穿襦，下穿长裙，披帛。窄袖短襦是五代女装的主要特点，色彩比较淡雅娟秀，不似唐代女装的艳丽多彩

流行于明代的一种短襦。顾名思义，短襦因大襟常用绸缎为料而得名。襦长至腰或腰下，窄袖、衣襟右掩，并且在短襦的右侧和左襟处各缀有两条绳带，用以系扎固定

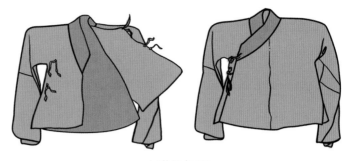

大襟绸短襦

交领

袖子

襦

腰带

宫绦

裙

明代襦裙

明代女子仍穿襦裙，上襦一般为交领、长袖短衣，下穿裙，裙内加穿膝裤。腰上往往挂一根以丝带编成的"宫绦"，有的还在宫绦上串块玉佩，用以压住裙幅，使其不至于散开影响美观

行步则有环佩之声

"行步则有环佩之声。"出自《礼记·经解》，郑玄注："环佩，佩环、佩玉也。"环佩，指古人所系的佩玉，后多指女子所佩的玉饰，"环佩"也渐渐成了女性的代称之一。古时女子佩玉，以丝线贯串，结成花珠，间以珠玉、宝石、钟铃。通常系在衣带上，走起路来环佩叮当，悦耳动听，而动作稍微大些，声音便会特别响，不雅，所以佩玉者要注意自己的仪态。

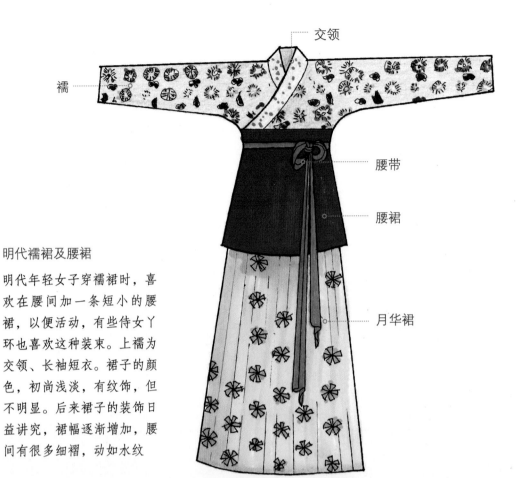

交领

襦

腰带

腰裙

月华裙

明代襦裙及腰裙

明代年轻女子穿襦裙时，喜
欢在腰间加一条短小的腰
裙，以便活动，有些侍女丫
环也喜欢这种装束。上襦为
交领、长袖短衣。裙子的颜
色，初尚浅淡，有纹饰，但
不明显。后来裙子的装饰日
益讲究，裙幅逐渐增加，腰
间有很多细褶，动如水纹

《千秋绝艳图》[局部]（明）

◆ 袄

袄是从襦演变而来的一种短衣，比襦长，比袍短，衣长多至人的胯部。袄多用质地厚实的织物制成，用作秋冬服装。缀有衬里的袄，称作"夹袄"；冬季用时，中纳絮棉，俗称"棉袄"。袄的基本款式是以大襟窄袖为主，也有对襟，袖有短袖、长袖之分。袄大约出现在魏晋南北朝时期，最初为北人燕服，隋唐后传入中原，广为流行，不分男女，除重大朝会，平时皆可穿着。到了明清，袄成为士、庶妇女的主要便服，多与裙搭配穿用，在明清时期的笔记、小说及戏文中很常见。《红楼梦》中有不少对袄的描述，如第八回："……薛宝钗坐在炕上作针线，头上挽着漆黑油光的鬓儿，蜜合色棉袄，玫瑰紫二色金银鼠比肩褂，葱黄绫棉裙，一色半新不旧，看去不觉奢华。"

上装

貉袖

貉袖为对襟、短袖、长不过腰，通常以厚实的布帛为料，中纳絮棉。原为骑士所用，方便骑马时脱卸，始于宋代。宋代曾三异《因话录》载："近岁衣制有一种旋袄，长不过腰……以紫皂缘之，名曰貉袖。"元明时仍有此服，清代则被马褂所取代。

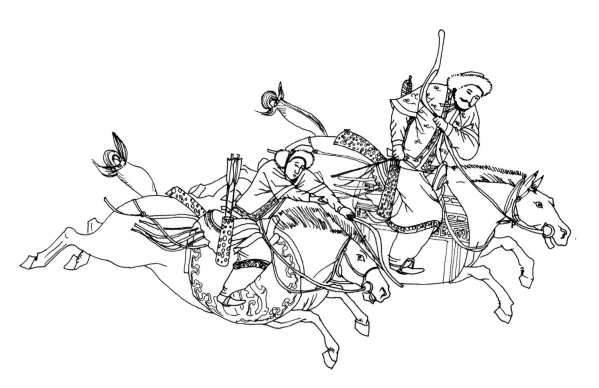

《射猎图》（宋）

图中所绘的是北方游牧民族骑马射猎的场景。内穿长袍，外穿短袄，是北方少数民族的一大着装特色，短袄对襟，袖有长袖、半袖两种，袄的左右开衩，便于骑马

辫线袄

元代蒙古族人所穿着的一种长袄。交领窄袖，衣长过膝，用料为彩锦纻丝，再用彩丝捻成细线，横缀于腰，既用作装饰，又用以束腰。尊卑都可以穿用。《元史·舆服志三》载："宫内导从……佩宝刀十人，分左右行，冠凤翅唐巾，服紫罗辫线袄，金束带，乌靴。"

穿辫线袄的侍卫（元至治刻本《全相平话五种》插图）

粉缎地大镶边右衽女袄（清）

黑缎地大镶边女袄（清）

图国
典粹
服
饰

◆ 褂

褂，指明代时罩在外面的长衣。明代方以智《通雅·衣服》载："今吴人谓之衫，北人谓之褂。"一指清代时的一种罩在袍服之外的衣服。褂有两种样式：一种衣长至膝，用于行礼者，称作"长褂"，若缀有补子，又称"补褂"；一种衣长仅至胯部，用于出行，称作"行褂"，又称"马褂"。男女均可穿着。

常服褂

清代皇帝燕居时所穿着的一种褂子，用途相当于普通官吏的外褂。圆领、对襟、袖端方平，下摆左右各开一衩，衩高及膝，褂色用石青。《清史稿·舆服志二》载："（皇帝）常服褂，色用石青，花纹随所御，裾左右开。"

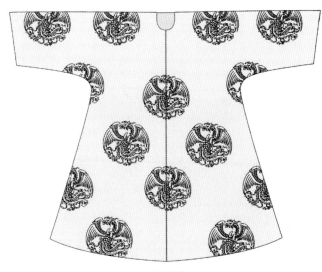

常服褂

小褂

清代男子的一种便服，通常做成对襟，窄袖，下长至膝。因为穿着方便，有别于用作礼服的大褂，所以称其为小褂。《晚清宫廷生活见闻》辑李光《清季的太监》载："服有靴、袍、帽、小褂、大褂、衬衫（无袖）、马褂、坎肩、叉裤、凉带、腿带等。"

《乾隆南巡图卷》[局部]（清）

129

马褂

　　清代服装之一，男女皆可穿用。马
褂的制式：圆领或立领，大襟或对襟，
平袖，褂长至腰，下摆开衩。衣袖有长
短两式：长者及腕，短者至肘。袖口部
分大多齐平，不装箭袖。通常罩在袍外。

刘永福像（清）

　　长袍马褂是清代男子非常典型的服
装，凡有身份的男子，都穿长袍马褂。
图中的长袍为大襟，窄袖，袍长至脚踝，
两侧或中间开衩。马褂为立领、对襟，
窄袖，下摆较宽。

浅蓝色暗花缎大镶边马褂（清）

缂丝紫地遍地绣球纹马褂（清）

藏青缎地平针绣凤穿牡丹马褂（清）

石青缎地三蓝平针绣蝶恋花马褂（清）

黄马褂

清代侍臣及有功勋人员出行时所穿着的短衣。罩在行袍之外，素色无纹样，不施缘饰，用明黄色绸缎制作。形制可以分为两类：一类为大臣、侍卫跟随皇帝出行时穿着，以彰显皇家威仪；另一类为皇帝赐给军功人员的服装。狩猎行围时所赐，俗称"赏给黄马褂"。赐给立有功勋的高级军将或统兵文官，俗称"赏穿黄马褂"，被视为最高荣誉。

福康安像（清）

号衣

号衣也称"号褂"，士兵所穿着的服装，因衣上标有部队番号而得名。一般多作背心之式，穿着时罩在普通衣外。清代姚庭遴《姚氏纪事编》引胡祖德《胡氏杂抄》载："明季兵勇，身穿大袖布衣，外披黄布背心，名曰号衣。"清代的号衣也与此相同，除了番号，也以颜色辨别部队编制。

清代号衣复原图

清代号衣复原图

◆ 背心

背心，也称"坎肩"或"马甲"，主要的特点是没有袖子或者袖子很短。魏晋时期的裲裆是背心的最早形制，宋代以后男女皆穿。背心最初仅作为衬衣，后来可作为外衣，加罩在其他服装之外。

夏季，也有士、庶男子仅穿背心，冬季在背心内蓄以棉絮，用于御寒。当时背心的制式为对襟、直领，衣长至腰部，两侧开衩。衣襟间不用纽带，穿时任其敞开。到了明清时期，背心的形制有所变化，衣襟一般采用大襟、曲襟，以及一字襟等，穿时衣襟以纽扣相连。

裲裆

又称两当，背心式服装，《释名·释衣服》载："裲裆，其一当胸，其一当背也。"《释名·疏证补》载："今俗谓之背心，当背当心，亦两当之义也。"其形制一般为前后两片，质以布帛，肩部用皮质搭襻连缀，腰间用皮革系扎。裲裆服饰在北朝时十分流行，一直至唐宋。当时裲裆男女均可穿用，有的用彩绣，有的纳有丝棉，是后世棉背心的最早形式。

穿裲裆的武士

搭护

一指半臂或背心。宋代高承《事物原纪》卷三引（实录）载："隋大业中，内官多服半（臂）除，即长袖也。唐高祖减其袖，谓之半臂，今背子也。江淮之间，或曰绰子。上人竟服，隋始制之也。今俗名搭护。"搭护又指端罩，是清代贵族的裘皮大衣。

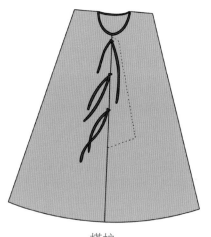

搭护

半袖

在古代男女服装中，除采用长袖衣外，也有用短袖衣的。短袖衣的衣袖为长袖衣之半，故称其为"半袖"。唐宋时期，半袖多被称为"半臂"。半袖采用对襟，袖长至臂中，袖口有两种形式：一种宽大平直，没有装饰；另一种则加以缘饰，并施以折裥。魏晋南北朝时期，半袖多为男子穿用。隋代，女子穿半袖者逐渐增多。到了唐代，女子穿半袖的现象很普遍。唐代制作的半袖多以质地厚实的织锦制成，常加罩在大衣之外，具有一定的御寒作用。辽、金、元以及明清时期，也都有穿半袖之习。

陕西乾县永泰公主墓出土的壁画（唐）

为首的是一位唐代贵族女子，梳高髻，身着半臂、小袖衣，下穿宽博的长裙，肩搭帔帛，脚上穿着重台履，身旁有数位捧持生活用具的侍女，都袒胸露乳，穿着打扮体现了唐代开放的社会风气

石榴红花卉纹织金锦半臂（唐）

绯色流云纹织金锦半臂裳（唐）

罩甲

罩甲也称"齐肩"。一种外褂，圆领，短袖或无袖，下长过膝，用纱罗纻丝为料制作，穿着时罩在窄袖衣外。明代有两种：一种为对襟式，只有骑马的人才可穿用；一种是非对襟式，士大夫均可穿用。黄色罩甲为军人所用。这种服饰制度始于明武宗时期。

明万历刻本《义烈传》中穿罩甲的吏卒

比甲

　　比甲外形类似马甲，是流行于元、明、清时期的便服。对襟，直领，下长过膝，穿着时罩在衫袄之外。因为穿着方便，受士、庶阶层的妇女欢迎。另指一种用于骑射的服装，相传为元世祖皇后所创。

比甲

巴图鲁坎肩

　　巴图鲁坎肩出现于晚清，意出满语"巴图鲁（勇士）"。巴图鲁坎肩是一种多纽扣的背心，通常制成胸背两片，无袖，长不过腰，在前胸处横开一襟，上钉纽扣七粒，左右两腋各钉纽扣三粒，合计一十三粒，也称"一字襟马甲""十三太保"。通常以厚实的质料制成，可蓄棉，或缀以皮里。最初是武士骑马时所穿的御寒服装，后来流传至民间，不分男女均喜穿用。

红尼地平针打子绣人物故事一字襟坎肩（清）

深蓝缎地平针打子绣一字襟坎肩（清）

背搭

　　背搭又称"搭背"，没有袖子的短衣。前后各用一幅，穿着后遮挡胸背。男女皆可穿用。清代李渔《闲情偶寄》卷三曰："妇人之妆，随家丰俭，独有价廉功倍之二物，必不可无。一曰半臂，俗呼'背搭'者是也……妇人之体，宜窄不宜宽，一着背搭，则宽者窄，而窄者愈显其窄矣。"

背搭

◆ 内衣

　　汉代内衣称为"心衣"，到了唐代，出现了一种无带的内衣，被称为"诃子"，到了宋代出现了"抹胸"，在元代有了"合欢襟"，明代出现了"主腰"，到了清代，女性内衣发展成了"肚兜"。

红缎地平针绣开光平安富贵肚兜（清）

《歌乐图》中穿抹胸的女子（南宋）

李重润墓石椁线刻宫装仕女（唐）

服饰
图典国粹

中国历代内衣制式演变图

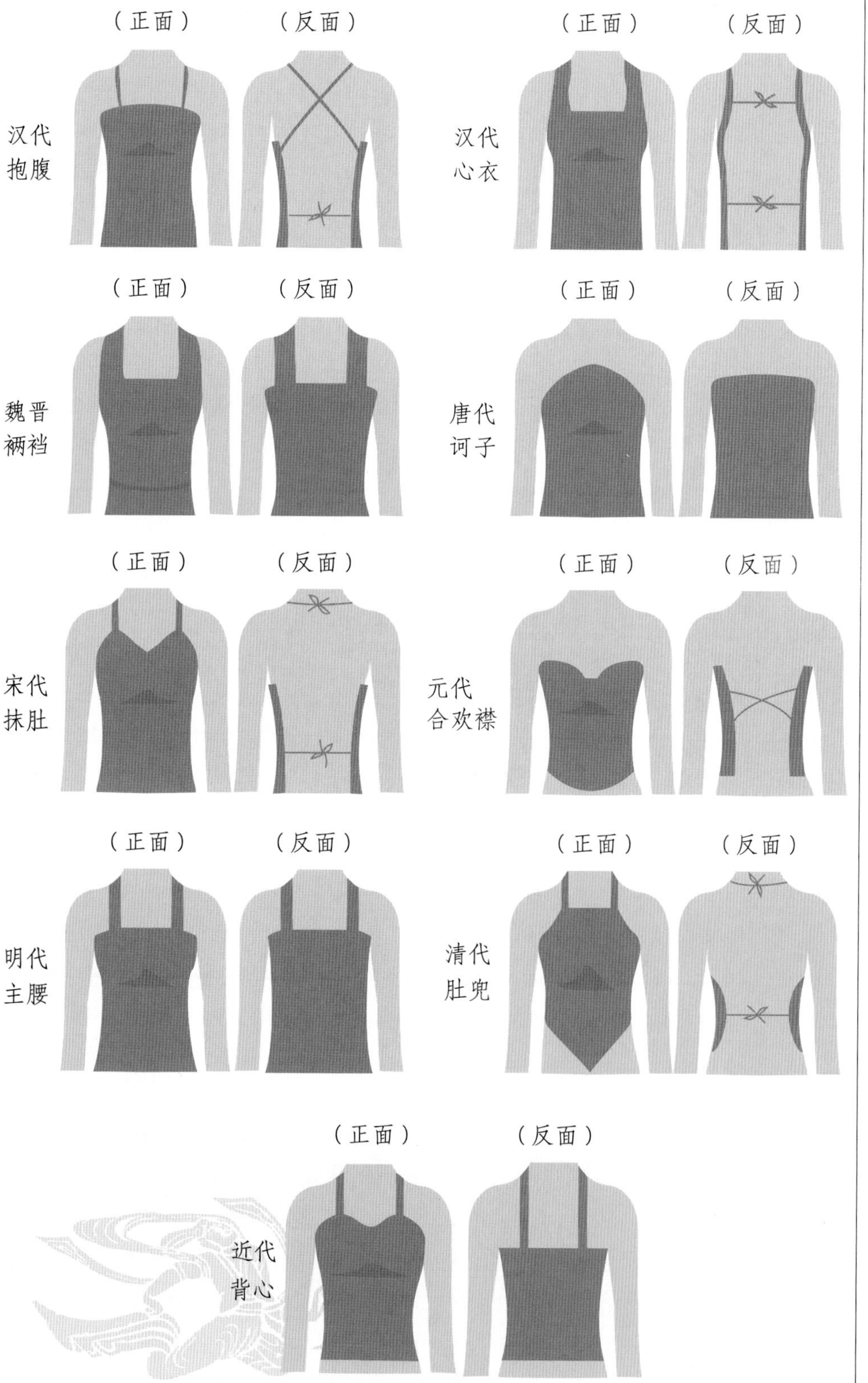

（正面）　（反面）　　　　　　（正面）　（反面）

汉代
抱腹

汉代
心衣

（正面）　（反面）　　　　　　（正面）　（反面）

魏晋
裲裆

唐代
诃子

上装

（正面）　（反面）　　　　　　（正面）　（反面）

宋代
抹肚

元代
合欢襟

（正面）　（反面）　　　　　　（正面）　（反面）

明代
主腰

清代
肚兜

（正面）　（反面）

近代
背心

丧服

丧服是指居丧时所穿的服装。西周时期逐渐形成丧服制度，《仪礼·丧服》针对尊卑、长幼、男女、亲疏不等的各种关系，设计出质地精粗不同、丧期长短相异的丧服制度。丧服制度共分斩衰、齐衰、大功、小功、缌麻五种服制。秦汉以后一直沿用，只是制度稍有变化，直到民国初年仍有此制。

斩衰

"五服"中列位一等。衣和裳分制，衣缘部分用毛边，用三升粗的生麻布制成。因为截断的地方外露而得名。凡子、未嫁之女为父母，重孙为祖父，妻妾为夫，臣为君等服丧，皆用此服。服期为三年，除去本年，实际为两周年。

斩衰

齐衰

"五服"中列位二等。衣和裳分制，缘边部分缝缉整齐，有别于斩衰的毛边，由此得名。具体服制及穿着时间视与死者关系亲疏而定。《礼记·檀弓下》载："子张死，曾子有母之丧，齐衰而往哭之，或曰：'齐衰不以吊。'曾子曰：'我吊也与哉？'"民国初期，仍然有穿齐衰的风俗。

齐衰

大功

大功也称作"大红","五服"中列位三等。形制与齐衰相同,但质料不同,用熟麻布制成,质地较齐衰细,较小功粗。大功所用的麻均需剥皮、浸沤、煮练处理,再水洗、碓击,使麻布柔软顺滑。《礼仪·丧服》载:"大功布,衰裳,牡麻经缨,无受者。"此服期为九个月。

大功

上装

小功

小功也称作"小红","五服"中列位四等。用麻布为材料制作而成,质地较大功细,较缌麻粗。凡男子为叔伯祖父母、堂伯叔父母、再从兄弟、堂姐妹、外祖父母,女子为丈夫之姑母姐妹及妯娌服丧,均用此服。《礼仪·丧服》载:"小功者,兄弟之服也。"服期为五个月。

小功

缌麻

　　"五服"中重量最轻的一种，用精细
的熟麻布制成，衣裳分制。凡为族曾祖
父、族祖父母、族父母、族兄弟，为外孙、
甥、婿、岳父母、舅父等服丧，皆用此服。
服期为三个月。在商周时期便有此服饰
制度，汉代刘熙《释名·释丧制》载："缌，
丝也，责麻细如丝也。"

缌麻

缟素

　　用素麻布制成的丧服。《楚辞·九
章·惜往日》曰："思久故之亲身兮，因
缟素而哭之。"圆领，长袖，直身，前有
开衩，衣长过膝。《新唐书·李密传》载：
"诏归其尸，乃发丧，具威仪，三军缟素，
以君礼葬黎阳山西南五里，坟高七仞。"

缟素

下裝

在中国服饰史上，传统服装分为上衣下裳和上下连属两种形制。上衣下裳的形制，相传始于黄帝时代，《易·系辞下》载："黄帝、尧、舜垂衣裳而天下治，盖取诸乾坤。"对于上下两截的服装来说，穿在下身的叫作裳。

裳

"裳"与"上衣"相对，专指一种围裳。《诗经·邶风·绿衣》中有"绿衣黄裳"之句，《毛传》注释道："上曰衣，下曰裳。"汉代刘熙《释名·释衣名》载："凡服……下曰裳。裳，障也，所以自障蔽也。"商周时期，下裳是遮蔽下体的服装统称，无论男女、尊卑都可以穿，使用十分普遍。下裳的形制与后世的裙子相似。不同之处是，裙子多被做成一片，穿时由前向后围；而裳分前后两片，一片蔽前，一片蔽后，前片由三幅布组成，后片由四幅布组成。裳的上端有折裥，裥的多少

视穿裳者的腰身粗细而定。裳还配有腰带，穿时系结在腰上。

商周时期，已出现了裤，但其仅有裤管，没有裤裆，使用时套在腿上，外面还要着裳，用来遮蔽隐私部位。因裳紧贴下身，被视为卑亵之物，所以裳的实际作用是用来遮羞。由于裳前后分制，两侧有缝隙，可以开合，人们在举止上必须加倍注意。古时最常见的坐姿是跪坐，就与此相关。

汉代以后，出现了有裆之裤，裳的前后两片被连在一起，形成了裙，逐渐

梳辫束发，头戴卷筒状平顶冠

身穿交领窄袖衣服，衣长过膝，下着裳，系宽腰带，腹部佩蔽膝

脚穿翘尖鞋

河南省安阳殷墟妇好墓出土跪坐玉人（商）

从商代玉人上，可以看到穿上衣下裳跪坐的贵族形象

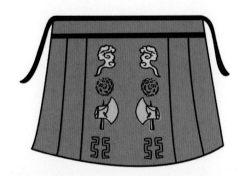

缥裳

浅绛色之裳，贵族朝祭时穿的祭服。缥裳始于周代，与玄衣搭配使用，后世多以玄衣缥裳为士之祭服。缥裳上有纹饰，以区分等级。至清朝时，这种服饰制度被废止。

韍

冕服上所用的蔽膝称"韍"，为帝王、诸侯及卿大夫所穿用，是一种上窄下宽、底部呈斧形的条状装饰物。系佩在革带之上，垂于膝前。天子的韍色用纯朱，诸侯黄朱，卿大夫素，若助君祭祀，则可以用赤。《诗经·小雅·采菽》曰："赤韍在股，邪幅在下。"东汉郑玄注："韍，太古蔽膝之象也。"《礼记·礼运》记载：昔者先王"未有麻丝，衣其羽皮"。东汉郑玄、唐代孔颖达都对此进行解释和推断，认为古者以兽皮之类作为服装，"先知蔽前，后知蔽后"，是出于遮羞的需要，到了商周时期，服装制度完备，出现在礼服上，具有纪念意义。

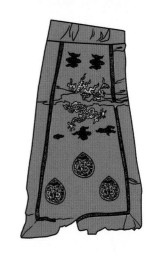

蔽膝

指贵族礼服上的一种装饰，用熟皮制作，上窄下宽，系佩在革带之上，垂于膝前。

河南省安阳殷墟墓出土的佩韍玉人像复原图

取代了裳，与襦、袄等上衣相搭配，成为妇女的主要服装。而男子的常服，多为袍服。但裳并未彻底消失，与上衣相配合使用，作为礼服的主要形制，在举行典礼时使用。裳的形制和颜色是区分身份、等级的重要标志。如《后汉书·舆服志》载："公卿、诸侯、大夫行礼者，冠委貌，衣玄端素裳。执事者冠皮弁，衣缁麻衣，皂领袖，下素裳。"此制度经历了各个朝代，于清代被废除。

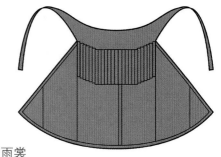

雨裳

用毡、皮、羽纱或油绸等料做成的围裳，下雨下雪时穿戴，不怕潮湿。一般穿在雨衣之内，长至足面。清代广为流行，皇帝与文武百官均可穿用，仅以颜色区别等级。据《大清会典图》记载：皇帝雨裳，明黄色，油绸，不加里，左右幅相交。

143

下装

裤

在中国服饰史上，传统服装分为上衣下裳和上下连属两种形制，裤子大多是以内衣的形式存在。古时，"裤"被写作"绔"或"袴"。贵族所穿的裤用丝绸等制成，而平民百姓所穿的裤常用质地较次的布制成。明代张岱《夜航船·衣裳》载："纨绔，贵家子弟之服。"成语"纨绔子弟"就由此衍生而来，寓指衣着华丽、不学无术的人。

早在春秋战国时期，人们的下体就已着裤，但其形制还不完备，叫"胫衣"。胫衣不分男女均可穿用。穿胫衣的目的是为了保护胫部，但膝盖以上无遮护，外面还要穿裳遮盖，而且穿胫衣行动不便，尤其不能适应战争骑射。

战国时期，西北地区的少数民族流行穿胡服，其裤比汉族穿的裤的形制要完备。赵武灵王推行胡服骑射后，将传统的胫衣改为裤裆相连的合裆裤，可以遮蔽大腿，最初仅用于军服。到汉代时，合裆裤已流传至民间，为百姓所穿用。为区别开裆的"袴"，满裆的裤称为"裈"（魏晋南北朝以后，"袴""裈"二字合用，合裆的裤既可称"裈"，也可称"袴"）。唐代颜师古注《急救篇》载："合裆谓之裈，最亲身者也。""最亲身"就是指贴身穿用。裤裆被缝合后，可以单独穿，不必外加裳了。裈的形制多样，有长过膝的长裈，也有短裈，如犊鼻裈。

胫衣

中国早期的裤子形式，与后世的套裤相似，是一种无腰无裆的裤管，穿时套在胫上，用绳带系结。《说文解字》曰："绔，胫衣也。"段注："今谓之套袴也。左右齐一，分为两胫。"

裈

指有裆的裤，两股之间以裆相连，一般用作衬里，外面加覆裳、裙，也有单独穿其者，多见于农夫仆役。因贴身穿用，多用质地细密的布帛制成。裤管之间的交接处称"裈裆"，简称"裆"。裈裆的形制有分别：如果两裆相互缝合，俗称"缦裆"；若不缝合，俗称"开裆"。

图国
典粹

服
饰

合裆裈

指缦裆的内裤。西域居民较早穿着，战国以后传入中原，汉族人民也多穿此裤。

合裆裈

开裆裈

开裆裈又称"开裆绔"。裆部不缝合的裤子，无论男女，皆可穿着，形制是在胫衣的基础之上发展而成。裤管上连缀一裆，且裆部缝合，上连于腰，将有裆的一面穿在身后。明清时期仍有这种服饰，清中至后期，一般多用于儿童。

开裆裈

犊鼻裈

一种短裤，形制短小，穿着时下不过膝。汉、晋时期，男子多穿这样的短裤，尤其以农夫仆役为代表。《史记·司马相如传》载："相如身自着犊鼻裈，与保庸杂役作，涤器于市中。"据传因为此裤短小，两边开口，好似牛鼻的两个孔，因此而得名。

穿犊鼻裈的农夫

魏晋南北朝时期是裤装发展的高峰时期，受少数民族服装影响，出现了袴褶。最初袴褶多用作军服，后因其简便、合体，逐渐成为平民百姓的常服，无论男女都普遍穿着。袴褶有大口、小口两种形制，一般以布帛制成，为了御寒，也可以做成夹的，絮进棉、麻等，称为"复裤"。

袴褶

魏晋南北朝时期的裤有大口裤和小口裤之分。与大口裤相搭配的上衣较为紧身合体，称为"褶"。褶、袴穿在一起，称为"袴褶"。外面不用再穿着裳、裙。

交领上衣

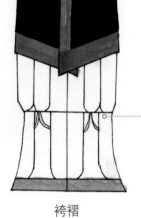

腰间系带

裤腿宽大，在膝盖处系扎形成皱褶

袴褶

头戴小冠

上身穿无领右衽大袖衫

腰束宽带

下身穿肥大的大口裤

脚穿圆头鞋

穿大口袴褶的陶俑

大口袴褶

袴褶的一种，衣袖及袴角都制作得非常宽大，与小口袴褶相区别，北朝以后较为流行，常见于军士穿着。《隋书·礼仪志》载："左右卫、左右武卫、左右武侯大将军……侍从则平巾帻，紫衫，大口袴褶……"

小口袴褶

　　袴褶的一种，衣袖及袴角都
制作得较为窄小，与大口袴褶相
互区别，南北朝时较为流行，多
用于北方的少数民族。

穿小口袴褶的书童　　　　穿小口袴的男子

缚裤

　　一种用带子系扎的裤子。因
为裤管松散，不便于活动，人们
就用布带将裤管在膝部缠绕系扎，
由此得名。缚裤多用于军服，始
于三国，流行于晋，至南北朝时
期大兴。晚唐以后，缚裤才逐渐
消失。史籍中关于缚裤的记载很
多，如《东昏侯纪》载："（东昏侯）
戎服急装缚袴，上着绛衫，以为
常服，不变寒暑。"

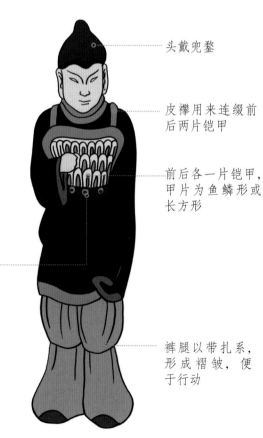

头戴兜鍪

皮襻用来连缀前
后两片铠甲

前后各一片铠甲，
甲片为鱼鳞形或
长方形

用来束腰
的腰带

裤腿以带扎系，
形成褶皱，便
于行动

穿裲裆铠、缚裤的武士

唐代，男子以袍衫为常服，袍衫之内穿裤，裤作为内衣，款式变化不大。唐代女子喜欢穿裙，但裤没有被弃用，在"胡服"盛行之时，穿裤成为一种时尚。此时的裤管做得比较紧窄，裤脚也明显收束。宋代，理学兴盛，按封建伦理观念，女子穿裤不能露在外面，要用长裙掩盖，在胫衣的基础上形成膝裤、无裆裤。明

清时期，膝裤仍然流行。明代的膝裤多制成平口，上达膝部，下及脚踝，穿时以带系在胫上。清代称膝裤为"套裤"，长度不限于膝下，也有遮住大腿的。除了膝裤之外，长裤、短裤的使用都很普遍，裤身多宽大，如牛头裤、叉裤、灯笼裤等。男子把裤衬在袍衫之内，或与襦袄相搭配。女子则把裤穿在裙内。

无裆裤

只有两条裤管，裤腿和腰部缝在一起，裤裆不缝合。穿着时用布带系扎固定，男女皆可穿着，一般用作衬里。

无裆裤

膝裤

膝裤又称"套裤"，一种胫衣，两裤筒各自分开，不连成一体，没有腰，没有裆，上面系带，可束在胫上，上长至膝，下长至踝，腰部用带子系扎。男女皆可服用，穿时加罩在长裤之外。裤管的造型多样，清初，上下垂直，为直筒状；清中期，上宽下窄，裤管下部紧裹胫上，裤脚开衩；清晚期，裤管宽松肥大。女子所穿的套裤，裤脚常镶有花边，色彩鲜艳。

紫缎地平针绣狮子滚绣球膝裤（清）

黄缎地平针打子绣福寿三多膝裤（清）

红缎地平针绣莲花纹套裤（清）　　　紫红色暗花纹镶边女裤（清）

牛头裈

　　牛头裈又称"牛头子裈"，明清时期
的一种短裤，形如牛头，故名。农人耕
田时所着之裤，便于耕作。

穿牛头裈的农夫

下
装

灯笼裤

一种宽大的棉裤，裤管中间部分宽大，两端则略小，外形看上去好似灯笼，因此得名。多用于妇女，北方地区常见。

灯笼裤

叉裤

叉裤，又称作"裤衩""裤岔"，一种短裤，裤腿宽大，顶端系带。

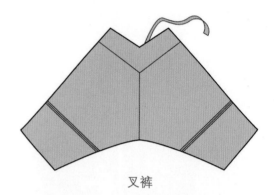

叉裤

行縢

行縢，又称为"行缠"，用于缠裹小腿的布帛。裁为长条，斜缠在腿部，上至膝，下至踝，男子穿其居多，无论尊卑，都可穿用。其制始于商周，称"邪幅"。汉代沿袭此制，取行走轻便之意，改称"行縢"。魏晋时期多用于武士的服装中。明清时期，仍有沿用，又称"绑腿"，女子也喜穿用，以织锦、绸缎制成。清代女子一般在冬天穿棉裤时扎绑腿，一是为取暖，二是为行走方便。绑腿上常绣以各种精美纹样，两端还缀有流苏进行装饰。

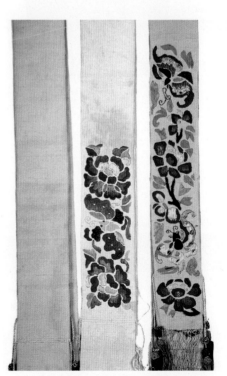

缎地平针绣蝶恋花绑腿（清）

裙

裙是中国古代女子的主要下装，由裳演变而来。古时，"裙"与"群"同源，东汉刘熙的《释名·释衣服》载："裙，群也，连接群幅也。"意为：裙是由多幅布帛连缀在一起组成的。这也是裙有别于裳之处。

古人穿裙之俗，始于汉代，并逐渐取代下裳成为女性单独使用的服饰。当时女性穿裙，上身搭配襦袄，汉代辛延年《羽林郎》诗云："长裙连理带，广袖合欢襦。"湖南省长沙马王堆汉墓出土的裙的实物，以素绢为质料，用四幅拼接而成，上窄下宽；裙腰用绢带，两端缝有腰带，便于系结。此裙不加纹饰，不施缘边，称"无缘裙"。

魏晋以后，裙子的样式不断增多，色彩搭配越来越丰富，纹饰也日益增多。宽衣广袖、长裙曳地是贵族服装的主要特点。这一时期，裙不限于女性穿用，也是贵族男性的常见装束，如"裙屐少年"成为富家子弟的代称。南北朝以后，裙子才逐渐成为女性的专属服装。两晋南北朝时期，一种名为"间色裙"的裙子广为流行。

下装

下体穿裙，裙长曳地

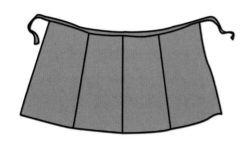

无缘裙

无缘裙又称"秃裙"，特指不加边饰的女裙。汉代时在士、庶妇女中广为流行

头戴小冠

上身穿交领宽衣，衣袖宽广博大

《斫琴图》[局部] 顾恺之（东晋）

东晋时期，贵族、士大夫们的服装以上衣下裳为主，褒衣博带，风流洒脱

151

隋代，裙子的式样承袭了南北朝时的风格，间色裙也仍为女性普遍穿用，但用若干条上宽下窄的布料拼接制成，使女性身材显得修长的仙裙深受当时的女子青睐。唐代的裙子以宽博为尚，裙幅有六幅、七幅、八幅、十二幅不等，裙摆长度也明显增加。女性穿裙时，多将裙腰束在胸部，甚至到腋下，以使裙子显得修长，这与隋代装饰风格一致。由于曳地宽裙不便于劳作，而且在用料上极其浪费，以致朝廷下禁令加以限制，《新唐书·车服志》载："妇女裙不过五幅，曳地不过三寸。"

宋代承袭了唐代的裙装风格，如石榴裙、罗裙等，裙身仍然宽博，裙幅以多为尚，折裥很多，称"百迭""千褶"。当时女性还流行穿一种前后开衩的旋裙，以及宫廷中的嫔妃时兴穿前后不缝合的裙子，称"赶上裙"。

间色裙

间色裙

指用两种以上颜色的布条间隔缝制而成的裙子。在制作时，整条裙子被裁剪成数条，几种颜色相互间隔，交映成趣。隋唐时期，这类裙子还很盛行，称"幅裙""间裙"。

仙裙

一种长裙，整条裙子常被剖成十二间道，俗称"十二破"。唐代刘存的《事始》载："炀帝作长裙，十二破，名'仙裙'。"仙裙的束腰很高，一般束在胸部，显得人的身材十分修长。女子穿仙裙时，常披上一条长披肩。

白陶黄釉女俑（隋）

白陶黄釉女立俑（隋）

服饰
图国粹典

披肩

　　披肩，又称"帔帛"，始于秦汉，盛行于隋唐，多用于宫嫔、歌姬及舞女。唐开元之后，披肩流行于民间。披肩常以轻薄的纱罗为材料制作而成，走起路来随风而动，飘逸洒脱。披肩上可以施晕染或彩绘，印画各种图纹。披肩的披法：一种由后背向前搭在双肩上；一种由前向后搭在双肩上；还有一种侧搭在肩上。

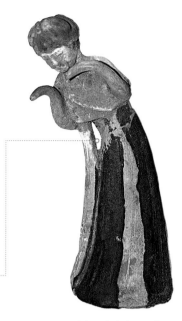

长裙曳地往往给行动带来不便，若双手提裙，又妨碍了手的活动。隋代妇女将裙子上提，再将提起的裙子用腰带束在臀部，形成了当时着装的一大特色

红陶绿釉女俑（隋）

下装

《步辇图》[局部] 阎立本（唐）

　　图中所绘的宫女的裙装承袭隋代的样式，上衣细窄贴身，窄袖，裙子被提起，束于臀部

153

石榴裙

石榴裙在唐代非常流行，深受唐代女子喜爱。石榴裙的染料主要从石榴花、茜草中提取出来，武则天的《如意娘》诗曰："不信比来长下泪，开箱验取石榴裙。"李中《溪边吟》诗曰："茜裙二八采莲去，笑冲微雨上兰舟。"

发梳高髻，簪花钿、珠翠

贵妇的双肩披一条印花帔帛

身穿高腰团花纹红裙，外罩宽大广博、轻薄透明的罗衫，肌肤隐约可见

《簪花仕女图》[局部] 周昉（唐）

罗裙

以罗为面料制成的裙子。罗织物有自身的特点：花纹紧密，没有纱孔，地纹稀疏透亮，可以形成花实地虚、明暗对照的视觉效果。适合年轻的妇女，通常都穿在衬裤之外。

头梳高髻

身穿圆领袒胸罗衫，披红色帔帛

下着双色相间的罗裙，双臂舒展，正翩翩起舞

陕西西安执失奉节墓出土的壁画（唐）

长裙

下摆拖地的裙子。东汉以后较
为流行，通常都是妇女穿着。《后
汉书·五行志一》载："献帝建安
中，……女子好为长裙而上甚短。"
中唐晚期最为盛行。

《捣练图》中穿曳地长裙的唐代仕女

笼裙

桶形的裙子，用轻薄纱罗为材
料制作而成，呈桶状，穿时从头套
入。最初常见于西南少数民族地区，
隋唐时期传入中原。五代后唐马
缟《中华古今注》卷中载："隋大
业中，……又制单丝罗以为花笼裙，
常侍宴宫人所服。"

笼裙

花间裙

在裙身上缝有细条，并以其为
界线，在每条界线上嵌有花朵，因
此而得名。《旧唐书·高崇本纪》载：
"其异色绫锦，并花间裙衣等……"

花间裙

百褶裙

百褶裙又称作"百裥裙""百叠裙""百折裙"，指有褶裥的女裙。褶裥布满周身，少则数十，多则逾百，常以数幅布帛为料制作。每道褶裥宽窄相等，并于裙腰处固定。此裙始于六朝，隋唐多用于舞伎乐女，宋代时广为流行。

百褶裙

围裙

劳作之服，大幅的方巾，通常围在腰部，下长过膝。妇女采桑或进行劳动时穿用。也有在巾上缝有绳带，并在颈部系扎。商周时期已有这种形制，秦汉沿袭此制，只是称谓有所不同，明清时期多称"围裙"，男子从事劳作时也有穿用。

侍女身穿襦裙，腰系玉环绶，是宋代女子的典型装扮

玉环绶
玉制的圆环饰物，用丝带系于腰间垂下，用来压住裙幅，不使裙子随风飘舞，美观雅致，还起到装饰作用

山西省太原晋祠圣母殿中宋代侍女彩绘泥塑像

《蚕织图》[局部]（宋）

辽金元时期，汉族女性的裙装基本上沿袭宋代的裙式，少数民族的裙装则保留了民族特点。如辽金时期的契丹、女真族穿襦裙，颜色多为黑紫色，上面绣全枝花，通常把裙穿在团衫内。明代的裙式仍然具有唐宋时期裙装的特色。明初，女性以颜色素雅的裙子为尚，纹饰不明显。到了明末，裙上的纹样日益讲究，褶裥越来越密，出现了月华裙、凤尾裙等新颖别致的裙式。清代女裙保留了明代遗制，凤尾裙、月华裙等裙式仍然流行。也有新的裙式问世，如淡雅别致的弹墨裙。传统的裙式在此时进行了改制，如鱼鳞百褶裙就是在百褶裙的基础上发展并流行起来。清代有一种朝裙，专供太后、皇后及命妇在祭祀、朝贺等典礼上穿用。此外，马面裙、红喜裙也是清代女裙中较有特色的样式。

下装

凤尾裙

一种由布条组成的女裙。将各色绸缎裁剪成宽窄条状，其中两条宽，余下的均为窄条，每条绣上花纹，两边镶滚金线，或者是缝缀花边。后部用彩条固定，上部与裙腰相连。因造型似凤尾而得名。穿着此裙时需要搭配衬裙，多为富家女子穿用。

凤尾裙

朝裙

清代太皇太后、皇太后、皇后及内外命妇朝贺、祭祀时所穿的裙子，通常穿在外褂之内。近人徐珂《清稗类钞·服饰》载："朝裙，礼服也。着于外褂之内，开衩袍之外。朝贺、祭祀用之。"制作时将裙子分为两截，上面用红或绿色，下面用石青色，并在裙身处打有细褶。朝裙分冬、夏两种，冬朝裙以缎制成，裙边用兽皮；夏朝裙以纱制成，裙边用织锦。

朝裙

157

马面裙

　　清代最为常见且流行。裙子两侧是褶裥，中间有一段光面，俗称"马面"。常见的款式是在马面上缀以刺绣装饰，位置在马面中央或下端，四周并有镶边。

马面裙

红喜裙

　　清代、民国时期为民间普遍使用的女性婚礼服。式样有单片长裙及襕干式长裙两种，裙上绣花，常与大红色或石青色地的绣花女褂配套。

红喜裙（清）

四

足服

中国古代人穿鞋穿袜非常讲究，就鞋的名称而言就有履、舄、屦、屩、鞋、靴等；就质地而言有草编、绳织、丝织、木头、皮革等；就样式而言有方头、圆头、尖头等；就穿鞋的讲究而言，不同的历史时期有不同的礼节，不同的身份有不同的要求。足部的装饰作为服饰的一部分，同样反映着人类社会的物质文明和精神文明的发展历程。

舄

古代的鞋履与衣服一样，有着严格的礼制规定，在各种鞋履中，以舄最为贵重。舄是古代君王后妃以及公卿百官行礼时所穿的鞋。舄大约出现在商周时期，根据周礼规定，君王后妃及公卿百官在不同场合，所穿之舄的颜色不同，要与冠服相配。君王及公卿所用的舄，有赤、白、黑三色，以赤色为上。天子在最隆重的祭祀场合，身穿冕服，脚穿赤舄。王后、命妇所用的舄有玄、青、赤三色，以玄色为上。王后随君王参加最隆重的祭祀，身穿袆衣，脚穿玄舄。

舄制在战国以后一度废弃，到汉代又重新恢复。据《后汉书·舆服志》记载："显宗遂就大业，初服旒冕，衣裳文章，赤舄绚屦，以祠天地。"魏晋六朝、隋唐时期沿袭古制，君王、诸侯及后妃参加祭祀典礼，仍要穿舄。宋代沿袭唐制，祭服用舄，朝服用靴。辽、金及元代，也都以舄为祭祀之鞋。元代还在舄首装饰了玉件，舄上加以花纹装饰。明代，祭祀、朝会均用舄。但舄色不同，用途有别。如皇帝郊祭用赤舄，朔望视朝、降诏、降香、进表、外官朝觐用黑舄。皇后受册、谒庙、朝会则通穿青袜青舄，舄上加金饰。清代，舄制被废，帝王百官及后妃命妇祭祀、朝会都穿靴。

舄通常以葛布或者皮革等材料做

面。舄区别于一般的鞋履之处，主要是底部。舄底有两层，上层用布底，下层则另用木材做成一个托底，这样可以避免穿着者站立时间太久而弄湿鞋底，对于在郊外的祭祀活动很适宜。舄上装饰绚、繶、纯。绚是舄首正中部位缀的丝织物，绚的两头留有小孔，用以穿绳，绳带收紧，以免滑脱；繶是鞋帮与鞋底的连接之处的细圆丝制滚条；纯是鞋口镶缀的滚条。

《新定三礼图》中的三公毳冕
聂崇义（宋）

赤舄

赤舄，也称为"朱舄"，用于君王、王后及贵族。帝王的赤舄专用于冕服，位列于诸舄之上。王后的赤舄位列第三，专用于阙翟。

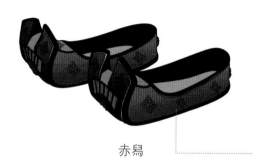

赤舄

《历代帝王图》[局部]阎立本（唐）

高底舄

高底舄因底高而得名。在山东省嘉祥武氏祠画像石上，就有穿高底舄拱手行礼的人物形象。

高底舄

履

履是中国古代男女日常生活中所穿的鞋子。狭义的履，是指用丝帛制成的鞋；广义的履，泛指用丝帛装饰的鞋，包括葛履、麻履和皮履等。凡是装饰丝帛的鞋，都可称作"丝履"，丝履也作"丝屦"，后称"丝鞋"，其上装饰有绚、繶、纯等丝织品。汉乐府的《孔雀东南飞》中就有"足下蹑丝履，头上玳瑁光"的诗句。

商周时期，鞋履多是用葛麻或皮革

制成，湖北省宜昌楚墓曾出土过一件麻履的实物。当时因丝履十分珍贵，纯粹以丝织品制成的鞋履尚不多见。贵族男女在普通礼见时，与礼服相配，要穿不同颜色的礼鞋，鞋上装饰绚、繶、纯。这些履饰是用丝帛制成，所以此类礼鞋也就被冠以"丝履"之名。春秋战国时期，贫富差距显著，贵族穿装饰绚、繶、纯的丝履，或是以丝绳编织成的履，称为"织成履"。士、庶则穿草葛制成的鞋履。汉代，丝履的使用普遍起来，据《盐铁论》记载，一些家境富庶的人家连奴婢都穿丝履。湖南长沙马王堆一号汉墓曾出土了一双保存完好的丝履。

湖南省长沙马王堆出土的丝履（汉）

这双丝履全长 26 厘米，头宽 7 厘米，后跟深 5 厘米。以丝帛为面，为两层，鞋底用麻线编织。

绚履

成年男女所穿用的一种礼鞋，专门用于祭祀，因为鞋头有绚饰而得名。形如刀鼻，似后世的里梁鞋。有孔，可以穿入鞋带。始于春秋时期，沿用于秦汉，后世少见。

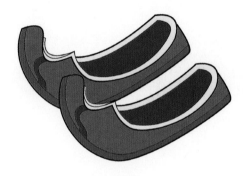

绚履

"屦""履""鞋"字的区别

　　最早的鞋履，无论以何种材料制成，都称为"屦"。《说文解字》载："屦，履也。"段玉裁注："今时所谓履者，自汉以前皆名屦。"周代设有"屦人"一职，专门掌管君王、后妃所用的各种鞋履。战国以后，"履"取代了"屦"，成为鞋的通称。隋唐时期，"皮革之鞋"的"鞋"字代替了"履"字，成为鞋子的通称，一直沿用至现在。

织成履

织成履又称"组履",用彩丝、棕麻等为料,依照事先定好的式样直接编成的鞋履。考究者往往在鞋面上织有繁复的纹样。始于秦汉,并有专业的工匠艺人织造。《淮南子·说山调》载:"鲁人身善制冠,妻善织履。"魏、晋、南北朝时广为流行,多用于贵族男女。

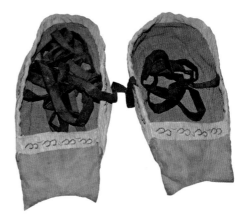

织成履

平头履

平头履又称"平头鞋",鞋头不高翘,与"高头鞋"相区别。平头履有方形、方圆形、圆形三种样式。陕西临潼秦始皇陵兵马俑足上所穿的鞋履就是平头履。

圆形平头履

平头履

秦始皇陵兵马俑复原图

《洛神赋图》中穿平头履的船夫和马夫 顾恺之(东晋)

魏晋南北朝时，南方的人们多穿丝履或缎履，北方的人们则在夏季穿丝履，冬季穿棉履或毡履。当时的丝履形制较为丰富，制作也更精细，如在上面织绣花纹，或是把金箔剪成各式图案，缝缀在丝履上。履头的样式丰富多彩，有歧头、笏头、圆头、方头、凤头等。履底也有变化，以往的鞋履，除舄之外，一般用

的是薄底，而此时的鞋履采用厚底，出现了重台履。

唐代，沿袭前代的丝履形制，并不断推陈出新，比较典型的特点是翘头履的盛行。翘头履的样式较多，有承袭魏晋之制的歧头履、重台履、笏头履，有承袭隋制的圆头履，还有形如翻卷的云朵的云头履、尖而钩翘的小翘头履等。

圆头履

圆头的鞋履，与两角方正的方履相区别。西汉以前多用于大夫。《太平御览》卷六九七引汉代贾谊的《贾子》曰："天子黑方履，诸侯素方履，大夫素圆履。"东汉以后则用于妇女，表示女性顺从之意。南朝、宋代时，圆头履广为流行。

新疆吐鲁番阿斯塔那东晋墓出土的丝履复原图

丝履为贵妇所穿，平圆头，麻底丝面，鞋面用丝线编织成条纹，实物上织有"宜侯王""富且昌""天命延长"等吉祥文字

歧头履

歧头履又称"分梢履"，即头部分歧的鞋履。鞋头做成两个尖角，中间凹陷，男女均可穿着。始于西汉，唐代仍有此制，宋代以后逐渐消失。1972年湖南省长沙马王堆一号汉墓出土的女鞋及1975年湖北省江陵凤凰山168号西汉墓出土的男鞋，均是这种造型。

穿歧头履的女子

《列女任智图》中穿歧头履的贵族 顾恺之（东晋）

笏头履

一种造型为高头的鞋履。履头高翘，呈笏板状，顶部为圆弧形。始于南朝，男女均可穿着。五代后唐马缟《中华古今注》："宋有重台履，梁有笏头履。"隋唐时期多用于妇女。五代以后，逐渐消失。明代时又有兴起，但形制有所变化，多用于男子。

《女史箴图》中穿笏头履的侍从 顾恺之（东晋）

笏头履

重台履

重台履又称"重台屦"，指高底、头部上翘的鞋履。始于南朝宋时，唐代妇女也喜好穿着。唐元稹诗："丛梳百叶髻，金蹙重台屦。"

重台履

云头履

一种高头鞋履，用布帛为料，鞋首用棕草，高高翘起，形状似翻卷的云朵，故名，男女均可穿着。

云头履

新疆吐鲁番阿斯塔那墓出土的帛画中穿云头履仕女（唐）

丛头履

丛头履与笏头履相似，不同的是丛头履外形被分制成数瓣，用彩帛裹丝棉制作，最后用针线固定，从远处看去，好似一丛花朵。唐和凝《采桑子》对此鞋有这样的描述："丛头鞋子红编细，裙窣金丝。"

五朵履

一种高头的鞋履，因履头被制成五瓣，高翘并翻卷，且形似云朵而得名。据传始于东晋，到了唐代的时候广为流行，多见妇女穿用。

敦煌壁画都督夫人太原王氏
供养像复原图

五朵履

高头履

盛行于唐代，因履头高翘而得名。多为妇女所穿。《新唐书·五行志》载："文宗时，吴越间织高头草履，纤如绫縠。"《唐会要》载："其以彩帛缦成高头履及平头小花草履，既任依旧。"后因其过于奢华，唐大和六年（832）被朝廷禁止。

《舞乐图》中穿高头履的女子（唐）

凤头履

有时省称"凤头"，一种尖头的女鞋，鞋头部分用凤首昂起的凤凰装饰。起初仅用于宫女，后来在民间普及。据传起于秦始皇时期。五代以后，历代沿袭，盛极一时。清代多用金银片压模成凤头，镶缀在鞋尖。

凤头履

蒲履

用蒲草编制的鞋履。相传为秦始皇时代所创，外形很像今天的皮鞋，多用于宫女。《梁书·张孝秀传》载："孝秀性通率，不好浮华，常冠谷皮巾，蹑蒲履。"唐代妇女也喜欢穿着蒲履，1964年新疆吐鲁番阿斯塔那等地的唐墓中曾有出土。宋代以后多用于男子。

蒲履

小头履

妇女所穿着的便鞋，鞋头小而上翘。盛行于盛唐晚期，中唐以后逐渐减少。唐白居易《上阳白发人》诗曰："小头鞋履窄衣裳，青黛点眉眉细长，外人不见见应笑，天宝末年时世妆。"宋代以后，缠足盛行，穿此鞋的人也逐渐增多。辛亥革命后，被逐渐淘汰。

唐三彩女立俑（唐）

宋元时期，宫廷内还设有"丝鞋局"，专门负责管理、制作丝鞋。民间还出现了生产鞋履的作坊和销售鞋履的店铺。宋代女子缠足成为风气，因此女子所穿的鞋履以纤细小巧为尚，俗称"三寸金莲"。福建省福州宋代黄昇墓出土的女鞋也反映了当时的风俗。女子为了缠足，就寝时也穿鞋，名为"睡鞋"。

明清时期，男鞋多以质地厚实、富有光泽的缎子制成，在鞋头、鞋跟部位镶嵌皮革，称作"镶鞋"，既美观又结实耐用。女子的鞋履则多以彩缎制成。年轻女性的鞋履用色鲜艳，大红、粉红、嫩黄、天蓝，五彩缤纷，鞋上还刺绣有各式纹样。清代缠足女子穿的鞋履较前代发生了新的变化，最突出的特点是采用高底。满族女子没有缠足的陋习，所穿的旗鞋，与汉族女子的弓鞋相比，显得特别宽大。由于地理气候方面的原因，满族女子的鞋也采用高底，因鞋踏在泥地上，足印似马蹄，俗称"马蹄底"，鞋的造型似花盆，又称"花盆鞋"。高底旗鞋多为年轻女子穿用，中老年女性所穿的鞋，随着年龄增长，鞋底高度逐渐降低，以致改成平底。旗鞋的鞋面多用绸缎，其上纹样以彩线织绣而成，有的鞋面还镶嵌宝石。

弓鞋

弓鞋，又称"弓履"，妇女所穿着的弯底鞋。因为鞋底弯曲，外形如弓而得名。五代毛熙震《浣溪沙》词曰："捧心无语步香阶，缓移弓底绣罗鞋。"宋代以后，因为女子缠足的脚被称为"弓足"，所以也被称为"弓鞋"。

弓鞋

《杂剧打花鼓图》中穿弓鞋的女子（宋）

镶鞋

镶鞋，又称"厢鞋"。明清时期广为流行镶沿的鞋子，尤以男鞋最为多见。此时的镶鞋由原来的布帛丝绦镶边，变为皮革，既增加了美观程度，又提升了鞋的牢固度。所镶的位置不仅在鞋口，有时在鞋头和鞋跟也镶有皮革边条，颜色多样。

穿镶鞋的清代男子

双梁鞋

梁，指的是位于鞋头的装饰，通常用皮革为料，裁制成直条，有一梁、二梁、三梁多种。双梁鞋即因有二梁而得名。清李伯元《文明小史》："穿了一件家人们的长褂子，一双双梁的鞋子，不坐轿子。"

双梁鞋

厚底京鞋

一种镶嵌的鞋，用黑缎为料制作，厚底，鞋头做二梁或三梁，鞋帮用同色料子镶嵌成云头或如意头式，有一镶、二镶、三镶之别。清代以北京所制作的最为精良，俗称"京式镶鞋"，省称"京鞋"。

穿厚底京鞋的清代乐人

蒲窝

用蒲草编织的暖鞋，圆头，深帮，内垫毡毛、芦花或鸡毛等，冬季穿着可以御寒。

穿蒲窝的清代男子

草鞋

　　用芒草为料编成的鞋子。商周时期即有此制，又称"非屦""草屦"，汉代以后称为草鞋。通常为贫困者所用。但因为方便，一般男子出门远行也多穿此鞋。晋张华《感应类从志》载："乃令开棺，唯见一草鞋在棺，有箭孔数十。"清徐珂《清稗类钞·服饰》载："草鞋为劳动者所着。"

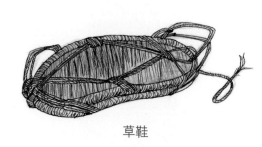

草鞋

皮鞋

　　用皮革为料做成的鞋子。汉魏时期称"革履"，唐宋以来多称"皮鞋"。《通典·乐志》载："扶南乐舞二人，朝霞衣朝霞，行缠赤皮鞋。"近代中国的皮鞋与宋元时期的皮鞋属同名异物，尤其是在清末民初时引进的西洋式的皮鞋，其制作方法有很大的区别。

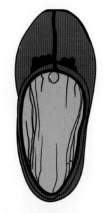

湖南长沙楚墓出土的皮鞋

扉履

　　一种用草为料编织的鞋，单层鞋底，上用草绳系扎固定，多用于庶民。《左传·僖公四年》载："若出于陈、郑之间，共其资粮扉履，其可也。"晋杜预注："扉，草屦。"汉刘熙《释名·释衣服》载："齐人谓草屦为扉。"

穿扉履的男子

拖鞋

　　没有跟的凉鞋，历代对其称谓均不相同，清代以来多称拖鞋。道忠《禅林象器笺·器服》载："敕修清规知浴云，铺设浴室、挂手巾、出面盆、拖鞋、脚布。"又："拖鞋，木鞋也。浴室及西净用之。"

穿拖鞋的茶馆伙计

三寸金莲

三寸金莲源于古时女子缠足的习俗，属于古代"女子以脚小为美"的审美观念。女子到了一定年龄，双脚要用布帛缠裹起来，最终形成一种特殊形状，世人称之为"三寸金莲"。"金莲"也被用来泛指缠足鞋。双足缠好后，再穿上布帛或绸缎制成的弓鞋，弓鞋又被称为"小脚鞋"或"尖鞋"。

清代缠足贵妇

这张老照片真实记录了清代女子的装扮。女子眉清目秀，头梳大盘髻，身穿袍褂、黑裙，一双金莲露在裙外

足服

杏叶

一种高底的女鞋，缠足妇女多用。鞋跟用木片衬里，做成杏叶形，因此得名。清代李斗《扬州画舫录》卷九载："女鞋以香樟木为高底，在外为外高底，有杏叶、莲子、荷花诸式；在里者为里高底，谓之道士冠。"盛行于明清时期。

杏叶

口面

梯凳

口尖

鞋帮

鞋尖

木底

缘条

黄缎地平针绣花卉纹弓鞋（清）

高底弓鞋

　　指缠足妇女所穿的高底鞋，流行于明清时期。制为高跟，跟部用木块衬托，又称"高底笋履"。清代叶梦珠《阅世编》卷八载："弓鞋之制，以小为贵，由来尚矣。……崇祯之末，闾里小儿，亦缠纤趾，于是内家之履，半从高底。……至今日而三家村妇女，无不高跟笋履。"

黄缎地绣花高底弓鞋（清）

红缎地镶花边高底弓鞋（清）

绣鞋

　　绣鞋，又称"绣花鞋"，指绣有花纹的鞋履。所绣的纹样包括凤凰、鸳鸯、蝴蝶、喜鹊、梅花、荷花、牡丹、水草等。多用于妇女。《北堂书钞》引晋代陆机《织女赋》："足蹑刺绣之履。"唐代以后广为流行，以后历代沿袭。

绣鞋用绸缎制成，鞋面和鞋帮以各色丝线绣出梅花图案，鞋帮边缘饰以黑边

缎地平针绣梅花纹绣鞋（清）

绣鞋鞋样

国粹图典

服饰

盆底鞋

盆底鞋，又称"花盆鞋"，清代满族妇女所穿的高底鞋。鞋底的正中央放置木制的高底，外形上宽下窄，形似花盆，因此得名。清代夏仁虎《旧京琐记》卷五载："旗下妇女……履底高至四五寸，上宽而下圆，俗谓之花盆底。"

清代满族贵妇

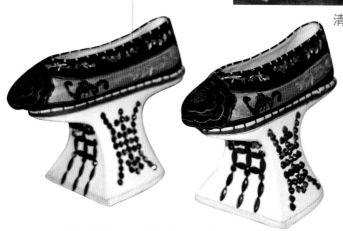

雪青缎绣穿珠福寿花盆底鞋（清）

虎头鞋

外形做成老虎的形状，缝缀在鞋头上，上面用彩线绣出眼、鼻、嘴、耳等器官。多用于儿童。民间认为穿虎头鞋可以有辟邪的效用。《中华古今注》载："鞋子，……至汉有伏虎头，始以布鞔缔……"

虎头鞋

屐是古人所穿的一种木底鞋的通称。屐相传始于春秋时期。《太平御览》记载，孔子当年外出游说时，脚上就一直穿着木屐。《太平御览》还记载，春秋五霸之一的晋文公，多次请隐居于山上的功臣介子推出仕不成，就用焚山燎木之法迫他出来，但介子推抱树被烧死。晋文公非常悲痛，就用树干制成木屐，每天穿着，以寄托哀思。后被广泛模仿、沿用成习。东汉以后盛行，男女均可穿着。魏晋以后，南方的士大夫也以穿木屐为荣。宋代以后，汉族女子不再穿用，而男子多在雨雪天气出行时穿木屐。

屐的屐底及屐齿均用木料，底部一般装有两个木齿，前后各一，呈竖直状，行走方便，最初主要用于出行。屐与麻底的鞋相比，木底耐磨，木齿坏了更换起来方便，而且底部与地面有一定距离，遇到雨天道路泥泞，不易溅泥到身上，也不易滑倒，很适合外出旅行。

屐与其他鞋履的另一个区别之处是屐不用鞋帮，屐面用绳系。后来，屐的形制也有变化，主要变化的部分是屐齿，有整木雕成的连齿木屐，也有屐齿可以随意拆卸的登山木屐。还有屐齿是金属的木屐。

《红楼梦散套·听秋（正）》插图 荆石山民（清）

图中的贾宝玉头戴箬笠，身披蓑衣，足穿木屐，正赶往潇湘馆

连齿木屐

用整块木料通过削制而成的屐。屐齿与屐底相连，无须另配。屐面也用木料斫之，替代绳子系扎。流行于魏晋南北朝时期，尊卑皆可穿用。天子燕居时也喜爱穿着。《南史·宋本纪》："（武帝）性尤简易，常着连齿木屐。"

连齿木屐

屐齿

指屐底的齿柱。位于屐底，行走在泥地时可以防滑。通常用木料制作，前后各一个，有扁平、四方及圆柱体等多种形状。

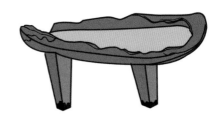

木屐

铁屐

以用金属为料制作的屐。用铜、铁为底，上穿有绳子系扎，底部加上铁钉。一般用于武士，方便攀登行军。《太平御览》卷六九八引《晋书》载："石勒击刘曜，使人着铁屐施钉登城。" 1962 年吉林省集安洞沟第 12 号墓壁画所绘武士就穿有这样的铁屐。

铁屐

穿铁屐的武士

靴是高至踝骨以上的长筒鞋，多用皮制。有说是战国时期孙膑创制了靴，也有说是我国少数民族创制的。古人穿皮制鞋子的历史由来已久，早在先秦时期，人们就用皮鞋御寒，当时的皮鞋称为"鞮"，指的是浅帮的鞋。在古代，还有一种高帮皮鞋，鞋帮高至小腿，称为"络鞮"，多用于北方少数民族。从战国开始，汉族也开始穿皮制的高帮鞋履，称其为"靴"。靴子最早是赵武灵王引进胡服时同时引进，长期用于军旅，着靴者以兵士居多。

从隋唐开始，靴子流行起来，被用作百官常服，除了祭祀、庆典、朝会等重大活动中仍使用舄外，一般都以穿靴为尚，上自帝王，下至百官，莫不如此。

唐代的靴子，一般用染成黑色的皮料制成，即"乌皮靴"，由多块大小不等的皮料缝合而成。唐代女子也有穿靴子的风尚，尤其是宫廷内盛行一种用于舞蹈的"蛮靴"。

宋代沿袭前制，靴子用于朝服，辽、金、元历代沿袭此制，变化不大。到了明代，靴子被用于公服，靴子除了用皮革制成，也有用缎、毡、丝等制成的，但都染成黑色，称为"皂靴"。靴子一直沿用至清朝，文武百官都穿靴。靴的制式有两种，官吏上朝时穿方头的靴子，平时办公穿尖头的靴子。在官吏所穿的礼靴中，有一种被称为"压缝靴"的靴子较有特色。还有一种侍从差役穿的"快靴"，也很有特色。

鞮

薄皮的鞋履。单底，鞋帮长度至踝。始于商周，战国后期逐渐为男子所用，多见于庶民。《说文·革部》："鞮，革履也。"湖南长沙战国墓出土有鞮的实物，形制与后世皮鞋相似，制作时先将皮革根据脚形裁成数块，再逐块缝合，连缀成鞋帮，最后加上鞋底。

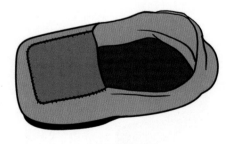

战国鞮

《北齐校书图》（北齐）

　　此图描绘了北齐天保七年（556）文宣帝高洋命樊逊等人刊校五经诸史的情境。图中坐在胡凳上的执笔书写的士大夫，以及旁边的侍从，衣着、神情都刻画得非常细致，由此可以看到当时人们穿胡服、着靴的形象

络鞮

　　指皮靴，通常用熟皮制作，上有高勒，勒长能包裹胫部。战国以后男女均用，流行于西域少数民族地区。《说文·革部》："胡人履连胫，谓之络鞮。"

皮靴以牛皮制成，帮高至胫，帮上开一道豁口，穿时用小皮条连系。

络鞮

高勒靴

　　高勒靴又称"长勒靴"，一种长筒靴。《隋书·礼仪七志》载："其乘舆黑介帻之服，紫罗褶，南布袴，玉梁带，紫丝鞋，长勒靴。"北宋沈括《梦溪笔谈》载："窄袖利于骑射，短衣长勒，皆便于涉草。"

高勒靴

177

短勒靴

　　省称"短靴"，一种短筒靴。与高勒靴相区别。
按照靴子的形制，汉魏以前多用短勒靴，高度大
约在脚踝以上三寸的位置。南北朝时期，因为军
队的需要，将其改为高勒靴子，方便行军。唐代
以后，又改为短勒靴子，宋以后便不再使用。

河北省宣化辽墓《散乐图》
中的舞乐者

《浴马图》中穿短勒靴的男
　子　赵孟頫（元）

乌皮靴

　　俗称"乌靴"，以染成黑色的皮革制成的靴子。一指与男子常服相配用的靴子。《旧
唐书·舆服志》载："隋代帝王贵臣，多服黄文绫袍，乌纱帽，九环带，乌皮六合靴……"
隋唐以后较为流行。一指舞乐者穿着的靴子。

戴帻头，着圆领袍服，
穿乌皮靴的贵族

178

《游骑图》（唐）

《步辇图》中穿乌皮靴的官吏（唐）

蛮靴

　　蛮靴又称"胡靴"，少数民族所穿的
靴子。唐朝初时随胡舞一并传入中原，
多为舞蹈者所穿用。宋代苏轼《谢人惠
云巾方舄》中曰："胡靴短勒格粗疏，古
雅无如此样殊。"清吴长元《宸垣识略》
卷十六载："曹顾庵……细腰无力，又着
蛮靴。"

穿蛮靴的舞乐者

合缝靴

　　用数块布帛或皮料缝合而成的靴
子。唐宋时期较为流行。

合缝靴

朝靴

官吏赴朝会参见皇帝时所穿着的靴子。用乌皮、黑绸缎等材料制作，上缀有句、繶等装饰，始于唐代。《宋史·舆服志五》载："宋初沿旧制，朝履用靴。政和更定礼制，改靴用履。中兴仍之。乾道七年，复改用靴，以黑革为之，大抵参用履制……"

全思诚像

皂靴

用乌皮、缎、毡等为料制成的靴子，不论用何种材料制成，都要染成黑色，故名。靴底用皮革或木料做成厚底，再涂上白色，因此有"粉底皂靴"之称。皂靴多用于男子的常服之中。上自皇帝，下至百官，常朝视事均可穿着，礼见宴会也可以穿着。《宣和遗事》载："见一番官，衣褐紵丝袍，皂靴，裹小巾，执鞭，揖泽利。"

洪承畴像

压缝靴

　　清代的皇帝、大臣巡游时所穿着的一种礼靴。用牛皮为料制作，每道拼缝中间镶嵌绿皮做成的细线。清初时期仅用于皇帝，嘉庆以后，则赐予军机大臣，凡是有巡游之事，都可以穿着。

快靴

　　快靴又称"薄底靴""爬山虎"，清代时期，武弁、侍从当差时所穿的一种轻便靴子。用兽皮或布帛为料制作，底薄勒短，方便行走。清代吴趼人《二十年目睹之怪现状》第六十一回中曰："只见一个人，……却将袍脚撩起，……脚上穿了薄底快靴。"

穿快靴的差役

《情殷鉴古图》（清）

足上所穿的
是压缝靴

《曾国藩像》（清）

官靴

　　官员所穿着的靴子。靴筒长过脚踝，至小腿的三分之一左右，靴首略翘，通常用黑色皮革或是黑色绸缎为料制作，与官服配用。今人溥杰《清宫会亲见闻》中曰："我穿戴上红顶官帽，蓝袍青褂和小黑缎官靴。"

缎靴

　　用缎子制成的靴子。厚底，高筒，内里衬有絮棉。流行于清代，上自皇帝，下至百官，闲居、朝会均可穿着。皇帝的缎靴用天青色，百官的缎靴用黑色。《清代北京竹枝词·都门竹枝词》中曰："雨缨铁杆不招风，纬帽都兴一口钟。三直缎靴需带铳，簇新袍样小团龙。"

翰靴

　　长筒的靴子。明代方以智《通雅》载："履连胫，谓之络是，即今长翁靴也。"清代计六奇《明季北略诸臣点名》载："自成戴尖顶白毡帽，蓝布上马衣，蹑翰靴，坐于殿左。"

穿缎靴的官吏

油靴

　　油靴又称"油膀靴"，一种雨靴，作用与后世的套鞋相似。有勒的叫靴，而无勒的叫鞋。以木为底，下面装有铁钉，鞋面则多用细绢，外面涂上桐油或蜡，踩入水中，不怕潮湿。宋、元以后较为常见。

穿翰靴的侍臣

油靴

古代的袜子称为"足衣"或"足袋"。《说文》中解释道："足衣也，从韦蔑声。"韦蔑都是指皮子，也就是说古人曾用皮子来做袜子。但是后世的袜主要还是用各种布料制成。据记载，袜子的历史可以追溯到殷商时代，发展到三国时期，袜子由夏代沿袭而来的三角形变成了丝线编织成的脚形，与现在的袜形相似。

罗袜

用纱罗一类的织物为料制成的袜子。因为其质地柔软轻薄，多用于春夏之季。汉代以来广为流行。

罗袜

锦袜

用彩锦为料制作的袜子。男女皆可穿着，多用于贵族。现存的古代锦袜实物以 1959 年新疆民丰东汉墓出土的为最早，其中男女各一，制为高勒。

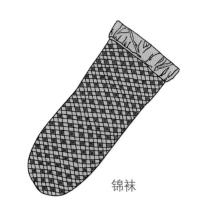

锦袜

毡袜

以毡为料做成的袜子。男女均可穿着，男子穿其者更多。因为质地厚实，可以御寒，多用于冬季。宋代苏轼《物类相感志》载："毡袜以生芋擦之，则耐久而不蛀。"《明会典·工部二十一》载："毡袜一双（以上皮作局办，顺天府解银召买）。"

毡袜

183

暑袜

　　夏季时穿着的袜子。通常以轻
薄的棉、麻织物为料制作，形制统
一为短，男女皆可穿着。

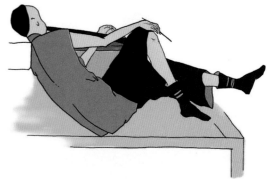

穿暑袜的男子

夹袜

　　用双层布帛为料制作的袜子。

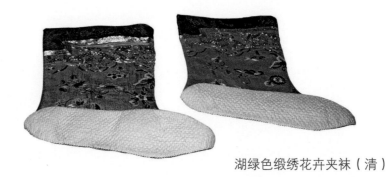

湖绿色缎绣花卉夹袜（清）

棉袜

　　指到了寒冷的冬季所穿用的袜子。
以双层布帛为料制作，夹层内可以絮棉，
用来保暖。

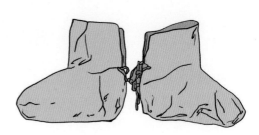

棉袜

翘头弓袜

　　宋时女性多缠足，因此袜子多制成
尖头，头部上翘弯曲，好似弓形，因此
而得名。

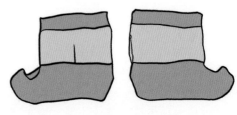

翘头弓袜

184

参考资料：

周锡保．中国古代服饰史．北京：中国戏剧出版社，1984

周汛、高春明．中国历代妇女妆饰．香港：三联书店（香港）有限公司，上海：学林出版社，1988

周汛、高春明．中国古代服饰大观．重庆：重庆出版社，1994

周汛、高春明．中国衣冠服饰大辞典．上海：上海辞书出版社，1996

沈从文．中国古代服饰研究．上海：上海世纪出版集团，2005

陈茂同．中国历代衣冠服饰制．天津：百花文艺出版社，2005

聂崇义．新定三礼图．北京：清华大学出版社，2006

郑婕．图说中国传统服饰．西安：世界图书出版公司，2008

国粹图典

服饰